GEORG HOFFMANN

Nah am Wild

Jagderzählungen

mit 18 Illustrationen
von Klaus-Peter Reif

Bibliografische Information der Deutschen Nationalbibliothek

Die Deutsche Nationalbibliothek verzeichnet diese Publikation in der Deutschen Nationalbibliografie; detaillierte bibliografische Daten sind im Internet über http://dnb.d-nb.de abrufbar.

BLV Buchverlag GmbH & Co. KG

80797 München

Umschlagkonzeption: Kochan & Partner, München
Umschlagmotiv: Klaus-Peter Reif;
Foto vordere Klappe: Dr. Georg Hoffmann
Illustrationen: Klaus-Peter Reif

Lektorat: Gerhard Seilmeier
Herstellung: Ruth Bost

Printed in Germany
ISBN 978-3-8354-1213-2

Inhalt

Vom Jagen nah am Wild

Die fernhin treffende Magnum-Büchse gilt als der Traum vieler ins Ausland zur Jagd reisenden Zeitgenossen. Auch in unseren Breiten wünscht so mancher sich ein Gewehr, mit dem er weit hinaus langen kann. Freilich, es gibt Jagdarten, bei denen der Fernschuss zum prägenden Element des Waidwerks zählt. Bei der Gamsjagd wird erwartet, dass Gewehr und Schütze einen sicheren Treffer über das Kar hinweg leisten. Wer im schneebeglänzten weiten Feld auf den Fuchs harrt, sollte die gleiche Treffsicherheit an den Tag legen können wie sein Kollege im Hochgebirge. Und wer zum herbstlichen Entenstrich in die Marsch hinaus zieht, ich meine die Jagd am Tage bei heftigem Wind, sollte das hoch, am äußersten Rand der Wirksamkeit des Schrotschusses, vorbeistreichende Wild erlangen können.

Unzählige Artikel sind in Jagdzeitschriften und in Schützen-Fachblättern über Gewehre, Zielfernrohre und Munition verfasst worden, deren es bedarf, damit Ferntreffer gelingen können. Manchmal scheint es, als ginge es mehr um die hochkarätige Ausrüstung als um die Kunst des Jagens selbst. Letztens fand ich Ausführungen darüber, welcher Atemtechnik der wackere Schütze beim sanften Abkrümmen des Schießfingers sich befleißigen soll, damit er die sündhaft teure Ausrüstung perfekt nutzen kann.

Wenig liest man darüber, dass Wild zunächst einmal ausgemacht, dann angesprochen sein will, dass der Seitenwind, der im freien Feld oder auf der langen Waldschneise nun einmal häufige Naturerscheinung ist, von vornherein einen Schuss auf große Distanz zum Risiko geraten lässt, und schließlich: dass die sichere Hand eines beherrschten Schützen die allererste Voraussetzung dafür ist, dass die auf eine lange Bahn gesandte Kugel oder Schrotladung ihr Ziel erreicht. Wer auf einhundert Meter eine Zielfläche von Untertassengröße unter Jagdbedingungen sicher trifft, kann getrost auf diese Entfernung Wild bejagen. Für einen sicheren Zweihundertmeterschuss aber sollte es ihm gegeben sein, mit seinem Gewehr beständig den Innenkreis eines Bierdeckels an der Hundertmetermarke zu durchstanzen.

Worin eigentlich liegt der Reiz eines Fernschusses? Zugegeben, auch in bin stolz auf die mir gelungenen weiten Schüsse, die mir das Zusammenspiel von »sichrem Rohr«, wie es in der Oper »Der Freischütz« besungen wird, also einem hervorragenden Gewehr, und einer ruhigen Hand bestätigten. Jagen heißt auch: Wild erbeuten! Der Wunsch, nicht wieder vergeblich nach Hause, gar von einer Jagdreise, ohne die ersehnte Trophäe heimzukehren, ist es, der uns nach fernhin treffender Jagdausrüstung fahnden lässt.

Aber beglücken uns nicht eher die Erlebnisse, bei denen wir ganz nah am Wild waren, bei denen wir den rechten Stand zur passenden Zeit aufgesucht, lautlos gepirscht und regungslos angesessen, bloßen Auges angesprochen, schnell und entschieden reagiert haben? Der Urform des Jagens sind diese Ereignisse sicher am nächsten. Friedrich von Gagern, einer unser großen Jagdschriftsteller, beschreibt die Pirschen und die Ansitze auf den roten Bock als Krone des Waidwerkens, bei denen er, oder der Berufsjäger des Familiengutes, dem Wild so nahe war, dass es eines Fernglases zum Ansprechen, eines Zielfernrohres zum Zielfassen und sicheren Treffen nicht bedurfte. – Die Kunst des Jagens in großer Nähe zum Wild, wir sollten sie hochhalten und nicht unkritisch dem Angebot an Hörverstärkern, Entfernungsmessern, Flugbahnkompensatoren und Benchrest-Schäften verfallen!

Von Busch zu Busch ziehend, immer wieder das Vorgelände aus gedeckter Warte prüfend, tasteten wir uns vor, der Vater und ich, auf der in dem üppig sprießenden Wiesengras sich mehr und mehr verlierenden Wegspur in den tiefsten Winkel der graswogenden Auenniederung. Dort schloss eine Gruppe silberstämmiger Eschen, mit ihren lichtgrünen Schirmen Halbschatten spendend, die Wegtrasse ab. Ein Bahndamm durchquerte, ohne dass es einen Übergang für Fahrzeuge oder Fußgänger gab, dahinter die Wiesen. Bei dem Bau der Bahnlinie war das Wege- und Grabensystem durchschnitten worden, quer zur Fließrichtung aller Bäche, Gräben und Rinnen zum Käthnersgraben hin, der seinerseits in die Bramau entwässert; sie mündet in die Stör, die in die Elbe strömt. Ein brauner Moorwassertropfen aus dem Käthnersgraben, der unsere Reviergrenze darstellte, braucht Wochen, vielleicht gar Monate, bis er schließlich in der Elbe eintrifft. Eine Krickente kann die gleiche Strecke binnen zweier Stunden zurücklegen.

Durch den Bau des Bahndammes war, aus landwirtschaftlicher Sicht, so etwas wie ein toter Winkel dort ganz hinten in den Wiesen entstanden, in den sich mangels eines weiterführendes Weges oder auch nur Stieges kein Spaziergänger, kein Wanderer oder Radfahrer verirrte. In diese einsame Wiesenecke also pirschten wir uns vor, von Busch zu Busch. Der eintönige Singsang des seinen Namen emsig wiederholenden Zilpzalps in den Kugelweiden verstummte, sobald wir so nahe heran waren, dass ich meinte, den emsig sich meldenden Vogel im Gewirr der – gleich seinem Körper – schlanken Blätter erspähen zu können, und setzte wieder ein, nachdem wir an dem jeweiligen Busch vorbeigestreift waren. Diesen Vogel kannte ich nur aus dem Vogelbestimmungsbuch, wusste, wie er aussehen musste, hatte seinen Gesang schon oft vernommen. Erst Jahre später habe ich ihn des Öfteren entdeckt, aber niemals bei der Pirsch, sondern vom Ansitz, wenn er die Schweigepause nach meiner Ankunft eingehalten hatte und sich, im Gezweig hin und her huschend und dadurch seinen Aufenthaltsplatz im Blätterdschungel verratend, wieder einspielte.

Weit vor uns an einem Schilfdreieck, dem Restzipfel einer von der Bahntrasse zerschnittenen ausgedehnten Wiese, zwischen einigen Erlenbüschen, hatte Vater Haupt und Träger eines Bockes auftauchen sehen. Verheißungsvoll schwankten hin und wieder die Erlenruten, die dort den – nach dem Bahnbau nicht korrigierten – Jagdgrenzverlauf markierten; aber der Bock blieb verborgen. Es galt, ihm näher zu pirschen, um ihn anzuschauen. In des Vaters Schlepptau, ihn sozusagen als mächtige Tarnung nutzend, setzte ich behutsam Schritt vor Schritt ins hohe Gras, auf dass bloß nicht ein Pirschfehler meinerseits unsere Aktion verderbe. Heiß durchfuhr es mich, als des Vaters tastende Hand zweimal nach hinten zum halbschräg ihm über den Rücken hängenden Drilling langte. Heute meine ich, er wollte sich nur vergewissern, dass er nicht versehentlich den Spannschieber bereits vorgeschoben hatte – übervorsichtig, wie er war, zumal wenn er mich dabeihatte. Schließlich waren wir den Erlenschösslingen am Grenzgraben nah, falteten unsere Sitzstöcke auf und spähten gegen das Versteck des Rehbockes hinüber. Es war eines der ersten Male, dass ich bei einer Bockpirsch dabei sein durfte; ich wünschte voller Jagdfieber, der Bock möge aus dem dunklen Laubverhau in unser Revier hinaustreten, der Vater an einer Eschen-

K.P. Reif

stange Anstrich nehmen und dem gehörnten edlen Wild eine Kugel aufs Blatt setzen.

Einige Zeit des Wartens und Spähens verging zu meiner Ungeduld, dann wuchtelten wieder die Erlenruten, jetzt aber weiter nach rechts gegen die lockere Baum- und Buschreihe hin, der entlang wir in den Wiesenwinkel hinein gestrebt waren. Vater erhob sich, bedeutete mir, gleich ihm den Sitzstock ins Gras sinken zu lassen, und schickte sich an, weiter voranzupirschen. Nach einigen Metern des sachten Voranschreitens, noch ehe wir die erste der dicken hellborkigen Eschen erreicht hatten, erblickte ich rechter Hand die Lauscher eines Rehs. Ich stieß Vater an, wies, als er sich überrascht umschaute, mit einer Kopfbewegung und rollenden Augen zum Wild hinüber. Dieses eindeutige, aber unauffällige Aufmerksammachen auf das unerwartet von der Seite heran wechselnde Stück brachte mir später, als wir nacherinnernd den aufregenden Abend besprachen, allergrößtes Jäger-Vater-Lob ein: dass ich nicht etwa, mit fuchtelnder Geste das Wild vergrämend, hinübergezeigt hatte! Das Reh zog näher und näher, neben ihm tauchten zwei kleine schwarzgeränderte Lauscherpaare im Meer der Grashalme auf. Es brauchte nicht des Fernglases, um festzustellen, dass eine Ricke mit ihren Zwillingskitzen uns nun in eine heikle Lage brachte: Halblinks vor uns, noch immer im Erlengestrüpp verborgen, der Bock, rechts von uns, schon steinwurfnah, die Ricke mit ihrem Nachwuchs. Im Schatten der mächtigen Esche stand das Gras lückig, die Kitze mit ihren noch kurzen, staksigen Läufen hatten darin leichtes Ziehen. Sie schienen den Platz zu kennen, sprangen heran und begannen, vor unseren Füßen einander in Schleifen und Achtern zu jagen, dass man sie nur so durchs Gras zischen hörte. Dieses Geräusch musste der Bock wahrgenommen haben. Mit einem Mal setzte er, wie eine dunkelrot auflodernde Flamme im Abendschatten, zu uns herüber in die vergraste Wegtrasse. Vater hatte ihn im Glas, drehte sich dann im Zeitlupentempo halb zu mir herum, sodass er mich aus den Augenwinkeln anschauen konnte, und schüttelte kaum merklich den Kopf.

Der Bock, der jetzt mit langem Hals zu uns, oder vielmehr zu seinen munteren Artgenossen, herüberäugte, musste also eines der Exemplare sein, die in meiner Jungjägerliteratur als von der Kugel zu verschonender Zukunftsbock beschrieben war. Die Ricke war inzwischen an uns vorübergewechselt, stand nun schon fast hinter uns. Noch immer tollten die Kitze herum, schließlich hatte sich eines unseren Sitzstöcken genähert. Wie ein Vorstehhund stand es auf starren Läufen, standbildhaft mit vorgestrecktem Köpfchen ins Gras hineinäugend. Schließlich winkelte es gar einen Vorderlauf an, wie ich es bei den Hühnerhunden gesehen hatte, wenn sie im Hartgras eines Knickes oder im Randschilf eines Grabens einen Fasan gewittert hatten und ihn nun dem Jäger markierten. Mit gespitzten, vorwärtsgerichteten Lauschern beschaute die Ricke das seltsame Verhalten ihres Kindes. Irgendetwas daran schien ihr unheimlich zu sein. Sie schlug um, in einer eckigen Bewegung, zog zügig in die Wiesen weiter. Das Kitz setzte ihr nach, in eleganter Bogenflucht über meinen ins Gras gesunkenen Sitzstock hinweg. Lächelnd schaute Vater mich an.

Als die Ricke weit draußen in die Wiesen gewechselt war, setzten wir uns behutsam ab, nahmen die Sitzstöcke auf und schlichen dem Wagen zu. Es dunkelte, unendlich hoch schien der Himmel, Dunst schwamm über abertausend Grasähren. – An diesem Abend, es war einige Jahre, bevor ich den ersten grünen Schein in die Tasche meines Jagdparkas schieben durfte, verstand ich, dass ein Pirschgang ohne Schuss und Beute echtes Jägerglück bedeuten kann. Und auch und vor allem: Welch heiße Jägerfreude es bedeutet, nah am Wild zu sein, sodass es zum Ansprechen nicht des Fernglases bedarf. Zugleich hatte ich aus des Vaters behutsamem geduldigem Vortasten gelernt, welch feinsinniger Jägerkunst es bedarf, sich solches Erleben zu erschließen!

Fuchs kennt die Uhr!

»Fuchs kennt die Uhr!« Diese Weisheit hatte ich von einem älteren liebenswerten Jagdkamerad erfahren. Das Glück gelingenden Jagens als Ausgleich neben manchem Berufsstress zu vermitteln war ihm eine selbst gesetzte und von seinem Sendungsbewusstsein als Jäger getragene Aufgabe. Rasch verspürte er, ob seine Hinweise und Ratschläge auf Widerhall stießen. Dann konnte er, völlig selbstlos und fern von jedem Neid, die allerspannendsten Jagdeinladungen aussprechen. Mir gegenüber hatte er, nachdem wir einander nähergekommen waren, sich offensichtlich den besonderen Auftrag gegeben, mich in wenig bekannte Jagdmethoden einzuweihen. Dazu gehörte der Sauansitz in den Nächten, in denen der Mond spät kommt, also das Sich-Hinsetzen in gut ausgestatteter Ansitzkanzel des Abends bei völliger Dunkelheit mit anschließendem langem Warten im Dahindämmern und Träumen, oder das Hinschleichen in den frühen Morgenstunden, lange vor dem ersten Morgengrauen, unter dem abnehmenden Mond zu einer sauverdächtigen Wiese oder zu einem der von ihm kenntnisreich hergerichteten Kirrplätze. Beglückend erschienen mir die Nächte, von deren Zauber ich in all meinen Jägerjahren vorher nichts geahnt hatte, in denen sicher war, dass nach dem späten Mondaufgang nicht eine dicke Wolkenschicht den Erdtrabanten verhüllen, sondern es Minute für Minute, wenn einmal der goldene Mondschein über den Horizont heraufstieg, heller und heller werden würde.

Oft habe ich, nachdem ich diesen Zauber kennen- und schätzen gelernt hatte, den Kalender Monate im Voraus studiert, um mir vorzumerken, welche Nächte dieses Ereignis des späten sicheren Hellwerdens bieten könnten, ohne dass berufliche Pflichten oder wichtige Ereignisse im Familienkreis dagegenständen. Letzteren räume ich den Vorrang ein, denn die einsame Waldnacht gewährt nur dann vom Alltagsleben entspannende Sternstunden, leuchtend im Sinne dieses Wortes, wenn man sich geborgen weiß im Kreis lieber Verwandter und Freunde. Einzelgängertum als Lebensprinzip hat das Waidwerk noch nie veredelt. Zu unserer Vorväter Zeiten, da es notwendiger und zugleich kunstvoller

Lebenserwerb war, galt es, zum gemeinsamen Nutzen der Sippe Beute zu machen und sie heimzuschaffen. In späteren Zeiten war die Jagd selbst bereits gesellschaftliches Ereignis, und sie ist es, durchaus nicht zu Unrecht, auf dem Lande und, unter guten Freunden im Kreise der Stadtmenschen, heute noch. Wenn so mancher auch gern zu einsamer Pirsch und zeitentrücktem Ansitz hinausstreben mag, die Jagd entfaltet ihren Wert im Nacherleben in besonderem Maße, wenn der glückliche oder jedenfalls durchgefroren ernüchterte und auf den Boden der wesentlichen Lebenstatsachen zurückgekehrte Jäger ins warme Heim zurückgelangt ist und dort womöglich das Erlebte in Worte fassen kann.

Der erwähnte Freund hat mir auch die Freude des abendlichen Passens auf den Hasen bei der Schneelichte oder gar bei Mond und Schnee und die Kunst des morgendlichen Passens auf die waldwärts schnürenden Füchse nahegebracht. Seine Botschaften begeisterten mich besonders, weil bereits mein Vater mir vom spannenden Morgenpass berichtet hatte, ohne dass aber damals, da ich mit ihm zusammen jagen durfte, die Reviere entsprechende Ansitzmöglichkeiten geboten hätten.

Als ich, auf eine Sau eingeladen, zwar nichts von den Schwarzkitteln entdeckte, wohl aber, schon weit draußen vor der Kanzel im Feld, einen im Schnee dahin schnürenden Fuchs, sann ich nach einem Jagdplan, die verlockend nachwippende Lunte des begehrten Wildes im Glas betrachtend. An diesem Abend konnte ich des Fuchses nicht mehr habhaft werden. Aber die Einladung galt auch für den Folgetag. Für zwei Spätansitze war die an strategisch günstigem Punkt an einer vorspringenden Waldecke gelegene Kanzel exklusiv für mich, den termingeplagten Städter, reserviert! An jenem Abend war ich spät gekommen, denn ich hatte Sauen draußen im Feld nicht vor der Zeit erwartet, die das Fernsehprogramm für die zweiten Abendnachrichten vorsieht. Das ist die Stunde, in der die Betriebsamkeit im Dorf und auf den Straßen mit einem Mal nachlässt, als hätten verborgene himmliche Mächte einen Schalter umgelegt. Eine heimelige Ruhe breitet sich über Feld und Wald ihren Mantel – das ist die Stunde, in der das erwartete Wild kommen wird, falls es für diesen Abend nicht einen anderen als den vom Jäger vermuteten Wechsel genommen hat.

Dieser Fuchs da draußen, mit bloßem Auge eben noch wahrnehmbar, klein wie die Ameise, die ein großes weißes Badelaken überkrabbelt,

musste, so weit wie er schon im Feld war, um die achte Stunde den Waldrand passiert und dabei den Büchsenschussradius um die Kanzel durchquert haben! Wahrscheinlich hatte er sogar den Hochwildwechsel zu seinem Pass erkoren, der schrotschussnah an der Kanzel aus der Tiefe des Forstes herausführt, die geschickt und gut getarnt sich in die aufgabelnden Äste einer Randeiche einfügte. Sau und Fuchs benutzen häufig die gleichen, nach geheimnisvollen Grundsätzen gewählten Pfade. Bei der Betrachtung des Jagdbezirkes, den ich heute bejage, aus der Luftperspektive – was mithilfe von Google Earth auch dem wenig Internetgeübten möglich ist –, habe ich festgestellt, dass die jahre- und vielleicht jahrzehntelang benutzten Hauptwechsel sich so tief in die Vegetation einstanzen, dass sie sich auf den Luftbildern als helle Linien abzeichnen. Häufig sind sie darauf besser noch als am Boden erkennbar, wo der flach über den Bodenbewuchs hinweggehende Blick sie nicht immer sogleich erfasst.

Der Anblick des Fuchses auf der Schneefläche weit draußen vor der Eichenkanzel ging mir nicht mehr aus dem Sinn. Anderen Abends würde ich vor dem Fuchs da sein! Kam Reineke tatsächlich, so ging es ihm an Leben und Balg. Kam er nicht, so bestand die Hoffnung, dass zu späterer Stunde die Sauen den abgeernteten, aber noch nicht umgebrochenen Maisacker aufsuchten, der sich rechts der Kanzel vom Waldessaum weg weit in die Feldmark erstreckte, um unter dem Schnee nach vom Erntefahrzeug in den Boden gepressten Maiskolben zu brechen. – Am Morgen wachte ich schon vor Büchsenlicht auf, und aus meiner Jagdpassion glomm ein Alternativplan auf: Ich könnte sogleich hinausfahren, von hinten in den noch zum Feldrevier des Freundes gehörenden Waldstreifen hineinpirschen bis zu der Altholzecke, an der die Kanzel stand. Dort könnte ich Reineke beim Einpassieren in den großen Landesforst abfangen, in dessen Schutz ich nicht allzu fern vom Waldessaum die Burg der Füchse unter einem Baumstubbenhaufen oder in einem der trockenen Wälle vermutete. Sie zeigen an, dass dort, wo heute Wald stockt, sich früher von Bauern bewirtschaftete Felder befanden. – Schon war ich aus den Federn und bei meiner Jagdausrüstung, die noch vom Vorabend auf den Kacheln im Hausflur lag. Über Nacht hatte die Fußbodenheizung sie durchgetrocknet und wohlig gewärmt.

Zehn Minuten nach dem jäh gefassten Entschluss rollte ich schon durch die noch nächtlich einsamen Straßen der Landstadt. Beim Einschwenken in den Waldrandweg schaltete ich die Scheinwerfer aus. Unter der vom Flimmern des Großstadthimmels verstärkten Schneelichte gelangte ich bis an die Kurzseite des Randgehölzes, nicht ohne dass der Wagenboden zweimal – trotz des dämpfenden Schneepolsters – geräuschvoll Bodenkontakt gemeldet hatte. Vom Fahrzeug weg schlich ich den hart an der Jagdgrenze verlaufenden Waldpfad entlang, bis ich mich auf gleicher Höhe mit der Kanzel wusste. Dann bog ich im rechten Winkel zum Feldrain ein, tastete mich dorthin Schritt für Schritt vor, erklomm sacht, Sprosse für Sprosse, die Hochstandleiter und schloss – endlich – aufatmend die Kanzeltür hinter mir. Auf dem weichen Schnee war ich leise hergekommen, auch die Leitersprossen hatten trotz der Kälte nicht geknarrt. Jetzt durfte ich beim Aufstellen der Kanzelluken keinen Fehler machen! Denn das dumpfe Krachen eines zufallenden Kanzelfensters hallt weit und wird vom Wild, anders als leises Knistern im Dürrgras und Knarren von trockenem Holz, als Fremdgeräusch identifiziert. Leicht kann man, in angespannter Erwartung und nach einer alle Konzentration fordernden Pirsch ein wenig ermüdet, in letzter Sekunde das beglückende Gelingen einer jagdlichen Strategie verderben! Unbedachtes Handeln, die Anspannung des Augenblickes entladend, zerstört auf der Jagd und auch sonst im Leben manchen wohlgefassten Plan.

Aber diesmal gelangen die notwendigen Handgriffe fast lautlos. Schon standen, auf die Stellhölzer geklemmt, das Front- und das Seitenfenster offen, und ich spähte über die Schneefläche hinaus. Keine Minute später hätte ich kommen dürfen; denn eben erhellte lichtgrauer Schimmer den Osthimmel über der Waldbucht. Und da war, genau gegen Osten, wieder diese krabbelnde Bewegung auf dem weißen Laken der verschneiten Felder. Ich griff gleich zum Drilling, aber allzu klein stand der Fuchs vor dem kräftigen Zielstachel des lichtstarken Nachtzielfernrohres. Einen ungewissen Schuss wollte ich nicht wagen, nachdem die Pirsch hierher, an diesen jagdstrategisch so günstigen Standort, den Kreuzungspunkt zahlreicher Ein- und Auswechsel des Schalenwildes, aber auch der Fuchs- und Hasenpässe, gelungen war. Es wurde heller und heller. Kein weiteres Wild zeigte sich auf der nun über viele hundert Meter überschaubaren Fläche. Der Fuchs, der an dem Rain zwischen der Maisstoppel und dem schon wieder bestellten Roggenacker wohl Mäusenester gesucht hatte, hob plötzlich den Fang wie ein Wind nehmender Vorstehhund und setzte sich dann – zu meinem Erstaunen – dorfwärts in Bewegung. Dort gab es einen kleinen Teich mit allerlei Schilfhorsten und Binsenstauden. Womöglich wollte er dort und nicht im Wald sein Tagesquartier nehmen? Sollte der Morgen beutelos ausgehen?

Mir fiel die Fuchsquäke ein. Während der Wintermonate steckt sie immer an der gleichen Stelle, – das ist wichtig für spontanes jagdliches Handeln – nämlich in der linken oberen Tasche der dicken Winterjacke. Ich griff nach dem hölzernen Instrument, zum Glück gelang der erste Ton. Laut jammerte Meister Lampes Wehgeschrei über die Schneelandschaft. Sekundenbruchteile später riss es den Fuchs herum. Er stürmte aber nicht heran, sondern weit rechts neben mir dem Wald zu. Erst meinte ich, ich hätte mich bei den ersten Takten meiner Klagearie im Ton vergriffen oder der Fuchs sei durch die Quäke schon einmal vergrämt worden. Dann aber, als er kurz vor dem Waldessaum in meine Richtung einschwenkte, begriff ich, was dieser starke, sicherlich ältere Fuchs vorhatte: Er wollte sich Wind holen! In aller Hast, und damit beging ich, fuchsjägerisch noch wenig erfahren, einen groben Fehler, riss ich die Kanzeltür auf, um mir nach rückwärts in den Bestand hinein Schussfeld zu verschaffen. Das rasche Öffnen der Tür ging nicht ganz lautlos vonstatten. Noch zwei-, dreimal sah ich die fahlgelbe Fuchssilhouette, erst schon recht nahe der Kanzel, dann bereits jenseits im Nachbarwald, hinter herabhängenden Fichtenästen dahinsausen.

Erfahrungen mit der Hasenklage wie dem Rehblatter im Laufe vieler Jägerjahre haben mich inzwischen gelehrt, welche Verhaltensmaßregel beim scheinbaren Vorbeiwechseln des angelockten Wildes unbedingt gilt: still sitzen! Mehrfach habe ich das wie zufällige Heranstreichen eines Fuchses und vor allem auch eines Rehbockes, oft lange Zeit, eine Stunde und mehr, nach dem Locken erlebt. Wer die Lockjagd ausübt, muss bewegungslos, das Gewehr griffbereit, ausharren. Nur die Augen inspizieren das Gesichtsfeld! Bei den Füchsen sind es meist die älteren, bei den Rehböcken die jüngeren, die vorsichtig den Ausgangspunkt der verheißungsvollen Töne umkreisen. Gerade die am Standort nicht dominanten Böcke wählen häufig diese Strategie, wohl um nicht vor die Gehörnzinken des den Einstand beherrschenden Bockes zu geraten.

Damals hatte ich dies alles noch nicht durchschaut und baute darauf, dass der Fuchs am Abend wiederkommen würde. »Der Fuchs kommt nach der Uhr!«, bedeutet zugleich ja auch: Er kommt Tage nacheinander auf dem gleichen Pass. Ich rückte also, meinen Ursprungsplan einhaltend, rechtzeitig an! Gerade stieg, als ich die Kanzelfenster aufschwenkte, der inzwischen fast volle Mond über die Hausdächer des Dorfes. – »Schlau wie ein Fuchs!«, heißt ein aus der Jägersprache in den allgemeinen Sprachgebrauch übergegangener Sinnspruch. Wer ein wenig von der sprichwörtlichen Fuchsschläue erlebt hat, wird meine von Passion getriebene Hoffnung belächeln, der am Morgen doch sicher vergrämte Fuchs könne wieder auftauchen. Damals aber spähte ich voller Hoffnung über die winterweiße Feldmark. Wirklich, alsbald löste sich, mit dem bloßen Auge als die schon erwähnte schwarze Krabbelbewegung auf der monderhellten Fläche wahrnehmbar, links von mir aus einem von verbissenem Vogelbeergesträuch unterwucherten Kiefernaltholz ein Fuchs heraus. Er schnürte, quer vor der Kanzel vorüber, dorfwärts. Heute meine ich, dass dies ein anderer Fuchs gewesen sein wird, und wenn ich's zurückerinnere, so war er schmächtiger, und die Lunte schleppte er nicht so schwer und des Jägers Begehren aufreizend im Schnee, wie es mir bei dem kapitalen vom Morgen ins Auge fallen war. Womöglich war dies hier seine Fähe.

An all das dachte ich damals nicht, nur daran, dass ich den Fuchs haben wollte, während zugleich die Freude über den gelungenen erneuten Pirschgang zur Eichenkanzel in mir aufglomm. Beim In-Anschlag-Gehen zögerte ich ein wenig: Würde die Schrotgarbe aus dem linken Lauf des Drillings dort hinaus langen? Ein Schrotschuss ist bei der Fuchsjagd unter mäßigen Lichtverhältnissen, so man sich nicht in der Entfernung verschätzt, immer die beste Wahl, denn auf wenige Zentimeter des Verzielens oder Verziehens kommt es dabei nicht an: Gerät das Wild halbwegs in die Mitte der übers Zielfernrohr sauber hinzusendenden Garbe, so wird es im Feuer liegen. Ich entschied mich, der Fuchs erschien mir doch recht klein, für die balgschonende Kugel aus dem Einstecklauf. Der breit dahin schnürende Fuchs ließ sich nur schwer vor den Zielstachel bringen und war, als er endlich einmal verhielt, ein schmales Ziel. Schon pitschte die kleine Kugel hinaus! Reineke machte eine fast tänzerisch wirkende Volte, sackte aber nicht, wie ich zunächst gehofft hatte, sodann in den Schnee, sondern setzte sich auf die Keulen und äugte wie ratlos auf die Stelle hin, an der offensichtlich das Geschoss in den Schnee gezischt war. Ich spannte lautlos, durch sachtes Vordrücken des Schiebers mit dem Daumen, das Schloss für den großen Kugellauf, zielte mit zusammengebissenen Zähnen erneut, und als der Zielstachel in den im Gegenlicht des Mondes nur verschwommen wahrnehmbaren hellen Brustlatz hineingewippt war, dröhnte das schwere Hochwildgeschoss hinaus. Wiederum machte Reineke eine Volte, aber diesmal setzte er sich nicht auf die Keulen. Er äugte, ich sah den Kopf hin und her gehen, unentschlossen herum. Im Dorf blafften auf die Knallerei hin jetzt die Hunde auf; in diese Richtung mochte er seinen Pass nicht fortsetzen, der Waldrand auf der linken Seite, aus dem er eben gekommen war, schien ihm, nachdem die erste Kugel links neben ihm eingeschlagen war, auch nicht geheuer, und schon gar nicht das Fichtenholz, an dem meine Kanzel stand, aus dem es eben so mächtig geblitzt und geknallt hatte.

Sein Verhalten erinnerte mich an das des Damwildes bei den Drückjagden in Ostholstein. Hat es in dem einen oder anderen Feldgehölz einmal gekracht, so führen erfahrene Leittiere gern das Rudel auf eine weite freie Fläche. Dort bleibt es, weithin sichtbar, nach allen Seiten äugend, stundenlang stehen, bis der Jagdbetrieb sein Ende hat und es in der schützenden Dunkelheit wieder in seine Einstände zurückwechseln kann. Dann helfen nur gehstarke Treiber, die in weitem Umgang vorsichtig das Wild anrühren, keinesfalls versuchen, durch eifriges Daraufzulaufen es in eine bestimmte Richtung zu zwingen. Eher wird das Damwild auf Schrotschussnähe dem auf offener Fläche provokativ erscheinenden Menschen entgegenstürmen, als sich in eine gewünschte Richtung drängen zu lassen. Oder es hilft, um das Rudel wieder in Gang zu bringen, dass ein seiner Fernkugel sicherer Schütze aus einer Kanzel im Randgeäst der Gehölze heraus es wagt, ein Schmaltier oder ein Kalb ins Visier zu nehmen, wenn endlich der oft lange Zeit dicht gedrängt stehende Pulk aus Wildkörpern sich auflockert und an seinem Rande das eine oder andere schwache Stück frei steht.

Bei meiner Fuchsjagd war mir die den guten Jäger – bei aller Passion – in der wesentlichen Sekunde auszeichnende Kaltblütigkeit verloren gegangen, ich erkannte nicht, dass ich mir die Zeit nehmen musste für das Laden einer neuen Kugelpatrone, fürchtete nur, augenblicklich könne das begehrte Wild in sausender Fahrt davonstieben. Wozu besaß ich den schönen Drilling? Immerhin war der Fuchs durch jede der beiden Volten mir ein Stück näher gekommen! Ich redete mir ein, es müsste reichen für einen Schrotschuss. Schon fuhr auch die Schrotladung hinaus! Sekundenbruchteile später fegte Reineke, gleich einer im aufstiebenden Schnee davonrollenden Pelzkugel anzusehen, spitz von mir weg ins weite Feld hinaus, am Dorf vorbei, bis er nach etlichen hundert Metern im Nachtdunst verschwamm. Ich hatte durchs Zielfernrohr sein Fortflüchten verfolgt, jetzt setzte ich enttäuscht ab und packte zusammen.

Nach diesem Fehlschlag, dessen geräuschvolle Intonation womöglich der im Dorf wohnende Jagdaufseher mitgehört hatte und hinterfragen würde, fiel mir das Einschlafen schwer. Ich grübelte: Was hatte ich falsch gemacht? Ich beschloss – und das war ein guter Einfall –, andernmorgens auf die Anschüsse zu gehen. Es ergab sich folgende Diagnose: Bis zu den weit auseinandergefächerten Schroteinschlägen waren es fünfundsiebzig lange Schritte. Das Gegenlicht des Mondes hatte mir den Fuchs näher erscheinen lassen. Eigentlich jedoch verkleinert das Mondlicht, überhaupt schlechtes Licht. Etliche Male ist es mir so ergangen, dass ich im Abenddämmern einen guten Kugelschuss auf einen Hasen getan hatte, beim Hingehen über die Schneefläche mich meines sicheren Auges sowie meiner ruhigen Hand lobend, stolz die Schritte zählte und dann feststellte, das Lampe nur eben am Rande der Reichweite einer Garbe groben Schrotes gesessen hatte.

Ich fand damals auch die beiden Kugeleinschläge, nachdem ich im heftigen Ostwind, der krispelnd einzelne Eiskristalle vor sich her trieb, ein wenig hin und her gesucht hatte. Beide Einschläge lagen links von der Stelle, an der Reineke jeweils verharrt hatte.

Während ich noch so im frischen Wind dastand und konstatierte, dass der Fuchs nicht einen einzigen Kratzer abbekommen hatte, kam mir eine Erklärung für die Fehlkugeln: die kleine, leichte Hornet ohnehin, aber auch das große Hochwildgeschoss konnte der stetig über die weite

Feldfläche gehende scharfe Ostwind um einige Zentimeter verweht haben; immerhin war das Ziel annähernd hundert Meter entfernt gewesen. Verzieht unter solchen Seitenwindbedingungen der Schütze selbst auch noch um zwei Fingerbreiten, und zwar in die gleiche Richtung, in die der Wind ohnehin schon das Geschoss hinüberdrückt, was bei Kälte und in dicker Winterkleidung keinen Kunstfehler darstellt, so fährt die Kugel neben dem schlanken Ziel in den Schnee oder in den Erdboden.

Im eisigen Nordwestwind auf einer gefrorenen Schneewehe liegend, habe ich einmal eine halbe Handvoll Magnumkugeln aus dem Einstecklauf auf eine kleine Hasengesellschaft versendet, die sich an freigewehten Rapsstrünken gütlich tat. Meine erste Kugel ließ einen der Mümmelmänner in sich zusammensinken, ohne dass seine Nachbarn jedwede Notiz davon nahmen. Im Hinblick auf Hasengeschenk-Verpflichtungen, die der Jagdherr vor dem herannahenden Ende der Schusszeit noch zu erfüllen gedachte, hatte ich den Auftrag, die Mondnacht zu nutzen und neben etwa vorkommenden Füchsen und Sauen auch »einige Hasen« anzuliefern. Eingedenk dieses Auftrages rollte ich mich auf die Seite, fingerte eine neue Patrone aus der Manteltasche und tat den gleichen Schuss noch einmal, ohne dass der Bezielte fiel, ohne dass die anderen auch nur eine Handbreit weiter rückten. Nach dem vierten Fehlschuss gab ich auf und holte den Erstbeschossenen. Es waren fünfundsechzig stramme Schritte zu ihm hinüber. Einige Tage später, als ich das Gewehr auf dem Stand kontrollschoss – es traf akkurat ins Schwarze –, erzählte ich dem mir über die Schulter schauenden Schießwart von meinem Hasenerlebnis. »Bei dem strammen Nordwest in den letzten Tagen«, meinte er nur, »geht's halt so: Eine Kugel trifft, die nächste verweht mit einer Windbö!«

Wenn ich einen Winterfuchs aus dem Schnee oder reifgefrorenen Hartgras aufnehme, so ist das immer ein beutebeglückender Augenblick. Nicht nur ein ruhiges Herz und eine ruhige Hand, auch die aus Enttäuschungen und durchfrorenen Nachtstunden erworbene Kenntnis, die Gelassenheit, dem Rotrock gar auf Schrotschussnähe auf den Pelz zu rücken, und natürlich auch das Quäntchen Jagdglück, des Waidmanns Heil, wie wir einander grüßen und wünschen, sind die Zutaten solchen Jägererlebens.

Finger am Abzug!

Schon zweimal war es mir im Vorjahr gelungen, in einem Waldviertel am späten Nachmittag, also ohne Mondlichtunterstützung, Sauen zu erlegen, ohne dass ich diese Erfolge in eine gedankliche Logik für meine jagdstrategischen Planungen bringen konnte. Eines der glücklichen Erlebnisse schrieb ich der draußen auf den Feldern ratternden Maishäckslern mit rings um die Felden abgestellten Schützen zu. Sie mochten die Sauen in Gange gebracht haben. Den zweiten Erfolg meinte ich dem Begehungsrechtsnachbarn zu verdanken, der nahe einem Saueinstand nachmittags ein Reh geschossen und mit seinem Schuss die Sauen aus ihrem Kessel hochgemacht haben mochte.

Wir trafen einander zufällig auf dem Hauptweg zur Försterei. Stolz berichtete er mir, während ihm der Schweiß samt Fichtennadeln noch von der Stirn rann, er habe sein erstes Stück Wild im neu erworbenen Pirschbezirk erlegt. Dabei stand er mit dem Rücken gegen mein Auto, nicht bemerkend, dass ich den gestreckten geringen Frischling außen auf die Kofferraumklappe gehievt hatte, um den Kofferraum vor Wildschweiß zu bewahren. Manches Stück Wild habe ich schon so auf der Heckklappe zur Försterei transportiert, wobei ein kleiner Heckspoiler – den beileibe nicht ich montiert habe, sondern der serienmäßig zum gebraucht erworbenen Fahrzeug gehörte – das Wild vor dem Herabrutschen bewahrte. Jedenfalls lehnte der Nachbar schließlich, wortreich sein Erleben schildernd, sich gegen mein Fahrzeug und war damit nur noch Zentimeter von meiner Jagdbeute entfernt, ohne dass er, ganz gefangen vom eigenen Waidmannsheil, sie bemerkt hätte. Als er mit seiner freudigen Schilderung zu Ende war, fragte er: »Und Sie, da fiel doch auch ein Schuss?« Ich hieß ihn, sich einmal umzudrehen, und da schaute er – nicht wenig verblüfft – dem Frischling direkt in den Wurf. »Nun weiß ich endlich, warum die Leute diese komischen Hutzen auf ihre Autos montieren!«, kommentierte er geistesgewärtig meine Heckspoiler-Transportmethode.

Jedenfalls kamen diese Erinnerungen an die vorjährigen Jagderfolge mir in den Sinn, als ich den verblüffenden Jagdzeitschriftenartikel über das neuerdings angeblich wieder tagaktive Hochwild las, und bezog am hellen Nachmittag eine Kanzel, von der aus ich einen Waldweg und eine in tiefes Bestandesdunkel führende Schneise überschauen konnte. Wenn die Spaziergänger beim Mittagstisch, die Jäger am Computer im Büro sitzen, dann sollte nach der Erkenntnis des Autors das Hochwild allenthalben auf den Läufen sein! In diesem Revierort gibt es keine Wiesen oder Blößen, der Jäger ist auf rasches Ansprechen und gegebenenfalls Schießen auf den Schneisen angewiesen. Nachdem in meinen ersten Hochwildjägerjahren mir etliche Male Wild zu Ansicht kam und ich mir nach seinem Durchwechseln des Öfteren, aber eben verspätet, durchaus sicher war, dass ich hätte schießen dürfen und sollen, nehme ich jetzt dort bei Tageslicht immer sogleich das bereit lehnende Gewehr mit seinem auf eine mittlere Vergrößerung gestellten Zielfernrohr in Anschlag, wenn sich Wild zeigt.

Bei Nacht allerdings schieße ich nicht, ohne dass ich zuvor durchs Fernglas geschaut hätte. Das hat seinen guten Grund in folgender Erfahrung: Mir ist in allertiefstem Dämmern im tropfnassen Wald, also bei regelrechtem Sauwetter, einmal ein großer Hund mit einigen dürrlaubfarbigen Flecken in seinem borstigen schwarzen Fell hinter der Krone einer gefallenen Erle aus der Einstandsdickung gekommen. Es gab dort gescheckte Sauen, und ich hatte kurz zuvor gerade eine solche, leider nur beim allzu flüchtigen Durchwechseln inmitten einer Rotte, in Anblick gehabt. Also griff ich, als das struppige gefleckte Untier sich durch das Zweigicht schlängelte, rasch zur Büchse; im Zielfernrohr fiel mir aber der lange, eigenartig aufgerichtete Ringelpürzel auf. Ich setzte ab, ein Blick durchs Fernglas gab Klarheit über die Fast-Verwechselung. Dann erst betrat das Hundefrauchen, von Kopf bis Fuß in dunkelgrüne Wachskleidung verhüllt, ebenfalls aus der Saudickung kommend, die Szenerie. Hund und Herrin stapften nah an mir vorbei, während ich mich ganz still verhielt und – tief durchatmete. Als sie meinen Hochstand passiert hatten, war es bereits stockdunkel; ich brauchte die Taschenlampe, um einige Minuten später sicheren Fußes zum Fahrzeug zu gelangen.

An jenem mild-sonnigen Winternachmittag saß ich also am langen Weg auf der Kanzel, hatte die schussfertige kurze Büchse gegen die Brüstung gelehnt. Der Schnee war wieder fortgetaut und die Temperatur lag über null Grad. Ich würde unangefochten bis ins allerletzte Büchsenlicht ausharren können. Oft, wenn man sich einen langen Ansitz vornimmt, kommt bald Wild. Ich sah nur das Aufblitzen einer kurzen Geweihstange am Wegrand und meinte, es könnte ein geringer Hirsch sein, der dort in die weihnachtsbaumhohen Fichten schlug. So glitt das Gewehr an die Wange, der Daumen schob die Sicherung vor, das Fadenkreuz stand über dem Weggeleis. Dann schob sich die vermeintliche Geweihstange ein wenig vor und erwies sich als – die Augsprosse eines mächtigen Hirsches! Langsam trat er, der von allen Gesuchte, völlig vertraut auf den Weg und begann in der grünen Mittellinie des Weges zu äsen, wo – mit des Jägers helfender Hand entstanden – ein kleines, dem Spaziergänger kaum wahrnehmbares Beet Wildkräuter spross. Pflanze für Pflanze führte sich der Hirsch mit schwer nickendem Geweih zu Gemüte. Ich sah den schweren Rumpf, die vorwinterlich schmale Hinterhand des sichtlich abgebrunfteten Recken, den noch sich abhebenden dunklen Brunftfleck, den faltigen dicken Träger, zählte wieder und wieder die Enden in der versetzten Viererkrone auf der linken und in der Schaufelkrone auf der rechten Stange. Mit einem Mal äugte er mit mürrischer Miene zurück in die Fichtenkulisse, und schon bald traten drei weitere Hirsche aus, auch sie alle drei starke Kronenhirsche, der erste bereits an der Grenze zum Reifealter. Respektvollen Abstand hielten sie zu dem Alten, der eine ganze Klasse stärker, reifer, älter erschien. Warf er auch nur auf, so traten sie hastig einige Gänge weiter. Nie ist mir der Unterschied zwischen kapital und gut oder stark so deutlich geworden.

Beim Austreten der drei Adjutanten wurde mir klar, dass ich, noch immer den Finger am Abzug, durchs Zielfernrohr der entsicherten Büchse schaute. Ganz langsam ließ ich die Sicherung zurückgleiten und tauschte in Zeitlupenbewegungen das Gewehr gegen das Fernglas. Die drei begannen währenddessen mit heftig rupfenden Bewegungen ihrer Häupter zu äsen. Der Alte aber hob langsam das Haupt und äugte dann lange zu mir auf die mit Fichtenreisern gut verblendete Kanzel hinauf. Wieder schauten wir einander an. Wieder, es war nunmehr meine dritte Begegnung mit ihm in diesem Jahr, gewann ich den Eindruck, er fürchtete mich nicht. Schließlich wandte er sich mit fast ärgerlich anmutendem Schwenken des Hauptes ab, tat sich eifrig an den Kräutern gütlich,

L. P. Reif

während sich die anderen mit dem falben Hartgras am Wegesrand zufriedengeben mussten. Langsam schob sich der Große, wie sie ihn dort im weiten Umkreis nennen, in die jenseitige Dickung hinein.

In diesem Augenblick gewahrte ich aus den Augenwinkeln vor mir eine braungraue Bewegung. Eine Ricke war es, die sich durch die Randfichten in die düstere Schneise hinein schlängelte. Ich hatte sie dort schon zweimal gesehen, jedes Mal war sie allein gewesen. Waldrehe sind schwer zu erjagen, halten kaum einen Wechsel, sind zwar zahlreicher, als man glaubt, wenngleich viel dünner gesät als die Rehe in den futterstrotzenden Feldrevieren. Eigentlich hätte ich jetzt handeln müssen, denn noch vier weibliche Stücke Rehwild standen auf dem Plan. Aber nach diesem Anblick, in solcher Nähe zu den Hirschen, wer könnte da schießen?

Im Nachsinnen fragte ich mich, wenn der Kapitale auf meinem Schein gestanden und wenn die kleine Bewegung des Zeigefingers eine verantwortbare Lücke auf meinem Bankkonto verursacht hätte, ob ich den Finger auf ihn gekrümmt hätte. Ich muss mir diese Frage nicht beantworten. Ganz gratis bin ich durch den Anblick und das nahe Wiederbegegnen mit den Hirschen um beglückende Erinnerungen reifer geworden.

Am Rehwechsel

An der westlichen Feldkante des ausgedehnten Forstes schlängelt sich unter mächtigen kupferstämmigen Kiefern ein Wanderweg dahin, weg von den Parkplätzen an der vielbefahrenen Bundesstraße. Sein erstes Stückchen nutzen nicht nur die Städter, die zehn Minuten Waldesduft schnuppern möchten, bevor sie im Landgasthof einkehren, um die beim Inhalieren der frischen, harzwürzigen Naturlüfte vermeintlich aufgetretenen Kalorienverluste wieder aufzustocken. Der Waldpfad dient auch als Verbindungsweg zwischen einer dem Forst vorgelagerten, sicher vor den Zeiten wohlgeordneten Baurechts entstandenen Siedlung und einem ausgedehnten, am südlichen Zipfel des Forstes weiter und weiter in die Feldmark hineingewachsenen Dorfes. Alte backsteinerne Kätnerkaten, neumodische weiß leuchtende Bungalows und im warmen Rot skandinavischer Bauernhöfe gestrichene Holzhäuser sind in dieser Siedlung bunt zusammengewürfelt. Ihre Struktur und die Belegenheit bringen es mit sich, dass dem Jäger ein vielgestaltiges Publikum begegnet, vom ortsansässigen Reiter und Hundeausführer über den Langstreckenjogger bis zu dem in wind- und wasserdichte Membranen gekleideten Naturfreund aus der Stadt, aber auch mit ihren Nordic-Walking-Stöcken klappernden Damen-Wandergruppen und auf knatternden Mopeds über die Baumwurzeln dahin juckelnden Dorfjugendlichen.

Oft habe ich mich gefragt, warum ich nicht woandershin meine Pirsch gelegt hatte, wenn einer dieser Störenfriede um eine Krümmung des Weges bog, den ich in aller Behutsamkeit entlangschlich. Aber es hatte seinen guten Grund, dass der Wanderweg auch mich anzog: Das den Forst abschließende Randgehölz liegt westseitig, also der Nachmittagssonne ausgesetzt; es ist ein lichtes Kiefernaltholz mit reichhaltigem Unterwuchs, und eben diese Waldzone lieben die Rehe. Zudem erstreckt sich vor dem Wald nicht etwa eintöniges weites Feld, sondern es wechselt sich dort eine Vielfalt von Ackerbreiten und Wiesen ab; dazwischen eingebettet schläft verwunschen eine stillgelegte Kiesgrube, über deren Steilhang sommertags die seltenen zierlichen Uferschwalben schwärmen. Sie haben dort in den leuchtend gelben Sand ihre Brutröhren gegraben und, weit fern von anderen Uferschwalbenansiedlungen, eine kleine Kolonie gebildet.

Die Rehe, die vom Frühjahr bis zum Herbst an der Feldkante, teils im hohen Gras, Korn oder Mais stehen, teils im Unterholz des Kiefernwaldes ihre Fährten ziehen, im Winter aber sich in zurückversetzte Einstände in den Himbeerstauden im tiefer waldeinwärts gelegenen Fichtenwald verkriechen, kann der vielfältige Wanderweg-Besucherstrom nicht vertreiben, zumal frühmorgens und spätabends dort niemand schreitet, reitet oder fährt und auch mittagsüber manche Stunde kein Mensch kommt. Sie lassen sich nicht beim Äsen stören, wenn auf dem Weg hinter den Waldrandbäumen jemand vorübergeht, nachdem sie einmal, allerdings zügig, im Auswechseln die Menschenwegtrasse gequert haben. Andernorts im großen Forst scheuen die Rehe jeden Hauch von Menschenwitterung, springen bereits ab, wenn sie nur von fern das im Schneisenrand geparkte Auto des Jägers wahrnehmen. Sie zeigen ein heimliches, menschenscheues Verhalten. Der mit Wild und Wald wenig Erfahrene ahnt kaum, dass überhaupt ein Rehwildbestand im Inneren des Forstes sein verborgenes Dasein führt. Dieser Unterschied im Wildgebaren überrascht umso mehr, als die Waldrand- und die Waldinnen-Rehe nur einen knappen Kilometer voneinander entfernt leben und somit den gleichen Rehfamilien entstammen müssen.

Es fiel nicht schwer, am Wanderweg bei der Früh- oder der Abendpirsch eines Rehs ansichtig zu werden. Ich brauchte ihn nur zügigen Touristenschrittes beschreiten. Sehen ist aber noch längst nicht Beute machen! Der Waldrand bedeutete die Jagdgrenze; ans Hinausschießen war also nicht zu denken. Oft habe ich in aller Ruhe einen draußen äsenden Bock studiert, ratlos, wo ich ihn im Walde abpassen konnte. Denn der Waldrandbewuchs aus allerlei Faulbaumgebüschen, Vogelbeersträuchern, verkratteten Eichen, einigen eingesprengten Jungkiefern und Fichtenhorsten bot nahezu kein Schussfeld. Außerdem, hinter jeder Wegkrümmung konnte ein Mensch auftauchen! Wer garantierte zudem, dass sich nicht der eine oder andere Waldbesucher abseits des Weges ins Grüne begab, aus allerlei menschlichen Bedürfnissen oder einfach aus dem an sich begrüßenswerten Drang, nachdem er in der

Steinwüste eines Großstadtquartieres wohnen musste, einmal tiefste Waldfreiheit zu genießen.

Aber es gab hinter dem der Nachmittagssonne ausgesetzten und daher üppig wuchernden dichten Randstreifen, etwa hundert Meter tiefer, sozusagen in zweiter Linie, einige Blößen und Schneisen. Dorthin vorzudringen bedeutete jedoch, wenn ich von der Waldseite kam, mit lautem Geknister das von Dürrholz gespickte Altholz zu durchqueren. Vom Wanderweg einwärts war es weitaus näher an diese zweite Linie heran, aber ich musste mir raschelnd einen Weg durch das Buschholz und über die Laubstreu bahnen, und zudem – wenn die Rehe sich im Wald aufhielten – durch ihren Haupteinstand hindurch. Ihre zahlreichen frisch in die Streu geschlagenen Betten schauten mich wie vielfach verteilte braune Sitzpolster an, wenn ich mich einmal vom Wanderweg her ins Holz vortastete.

Obwohl das Bepirschen der Waldrandtrasse nur allergeringste Hoffnung bot, auf ein Reh zu Schuss zu kommen, war ich immer wieder dort um die Wege. Mein Sinnen ging darauf, ein einmal ausgemachtes Stück später, beim Ansitz tiefer drinnen, wo ich mich rasch zum Schuss würde entscheiden müssen, wieder erkennen zu können, nachdem ich es draußen in aller Ruhe angesprochen und mir sozusagen vorgemerkt hatte. – In den Nachbarschlägen gab es alljährlich einen Standortbock, zudem zwei oder drei geringe, die sich am fernen Feldsträßlein oder an den Hausgärten der Siedlungshäuser herumdrückten. Der Standortbock war in jenem Jahr, in dem sich mir dieser Revierort zu erschließen begann, ein mäßiger Sechser. Hellnussbraune, ein wenig zurückfallende Stangen, geringe Rücksprossen, aber eine Handbreit über die Lauscher aufragend – so ließ sich sein Gehörn in wenigen Worten skizzieren. Im folgenden Jahr saß er, Ende Mai, ohne dass ich ihn im Inneren des Waldes wintertags oder im kargen Vorfrühling nur einmal gesehen hatte, wieder in des Nachbarn Wiese. Oder war's gar ein neuer, der dort? Gegenüber dem Vorjahr musste doch das Gehörn ein wenig an Stärke und Vereckung zugelegt haben? Im dritten Jahr hatte seine Hauptzier sich wiederum nicht verändert. Die großrahmige Figur, der lange dünne Träger, das einfarbige Gesicht, die nussbraunen Stangen – war es noch immer der gleiche Bock? Oder zum zweiten Mal ein anderer?

Immerhin, ich hatte im Vorjahr einen besseren dort geschossen, den ich vorher noch nie gesichtet hatte, trotz einigen Begehens des Wanderweges in den Frühstunden und geduldigen Ausharrens in der zweiten Linie, wo hinein ich mir, mit Blick in die breiteste, mit grünleuchtendem Waldgras bewachsene Schneise, hatte eine Leiter rücken lassen. Die erste Begegnung mit dem bislang Unbekannten ereignete sich auf eine geradezu unheimliche Weise: Wieder einmal schnürte ich den Wanderweg entlang und spähte waldeinwärts in die winzigen Schluppen. Sie hätten mit sehr viel Jägerglück einen Schuss gestattet, abwärts ins sich senkende Gelände hinein auf wenige Meter Distanz und damit einen womöglich auf leiser Sportschuhsohle herantrabenden Jogger nicht gefährdend. Wie so oft stand draußen in der stillgelegten und mit allerlei Feldblumen und Kräutern durchsetzten, kniehoch mit Naturgras bewachsenen Wiese ein Reh, warf auf, als ich durch eine Lücke im Blättervorhang hinüberspähte, und war – ein Bock mit vollem Rumpf und kurzen, knuffigen Sechserstangen! Um den rechten Arm an einem Jungeichenstamm abzustützen, damit das Fernglasbild nicht vibriere und ich mir den noch nie Geschauten recht genau betrachten könne, rückte ich ein wenig vor. Der Eichenschössling geriet ins Schwanken, die belaubten Zweige strichen raschelnd gegeneinander. Es mag ein Geräusch entstanden sein, wie es bei dem wütenden Schlagen eines Rehbockes in irgendwelche Stauden entsteht. Womöglich hielt der Bock mich für einen Konkurrenten? Anders kann ich mir nicht erklären, was nun geschah: In flachen Fluchten, lichterrollend, setzte er zu mir herüber, schlüpfte in voller Fahrt über den Feld und Wald von einander trennenden kniehohen Grenzwall und tauchte vor mir zwischen den Eichenstämmen auf. Ich hatte, in jäher, instinktiver Reaktion den Drilling von der Schulter gerissen und hielt ihn wie abwehrend schräg vor mich hin, hatte aber noch nicht das Kugelschloss gespannt. Zwei Handspannenbreiten trennten Laufmündung und Rehbrust für ein, zwei Sekunden, und wäre das Gewehr vollends schussbereit gewesen, so hätte ich das erste und sicher einzige Mal in meinem Jägerleben ein Reh im allerwahrsten Sinne des Wortes aus der Hüfte geschossen! Aber der Bock war schneller; während mein rechter Daumen den Spannschieber vordrückte, riss er das gegen mich gesenkte Haupt zurück, schlug einen Haken und fegte dann mit einem einzigen mächtigen Satz

K.F. Reif

wenige Schrittbreiten vor mir über den Weg ins Laubholzdickicht. Kein Schrecken, kein Laubrascheln, nichts war mehr zu vernehmen.

Stand er noch dort, wechselte er leise tiefer in den Bestand? Ich zog mich behutsamen Schrittes zurück, umschlug von weit oben, ganz von der Chaussee her, die Abteilung, pirschte auf dem dort hineinführenden Holzabfuhrweg voran, alle paar Meter stehen bleibend und durch das Glas das Altholz durchleuchtend. Vielleicht bummelte der Bock, den die eigenartige Begegnung ebenso in Aufwallung gebracht haben mochte wie mich, dort noch herum? – Wild kann allerdings viel rascher als der Mensch von einer Stressphase in die Ruhe übergehen. Mehr als einmal habe ich zugeschaut, wie Rehe im Treiben in Zickzackfluchten herangestürmt kamen, plötzlich ins Ziehen fielen und sich dann geradezu fallen ließen, an einen Windschutz bietenden Stamm oder in ein Brombeergerank. Einmal waren es ein starker Bastbock und in seiner Begleitung ein junger mit auch schon kräftigen Gehörnknubben. Wohlgeborgen saßen sie dann auf Steinwurflänge neben mir im Wurzelgestühl zweier Kiefern fast unter meiner Kanzel, auf der ich am Rande des Jagdgeschehens am Fernwechsel vorpasste. Während ich die Augen offen halten musste, ob weiteres, womöglich schussbares Wild anwechselte, fielen ihnen die Lichter zu, nachdem sie eine Zeit lang, ungerührt vom gar nicht allzu fernen dumpfen Krachen der Schüsse, vom Hundegeläut, von einzelnen gedämpft herüberschwimmenden Treiberrufen, starren Blickes vor sich hin geäugt hatten.

An jenem Abend, es war ein warmer, schwüler Augusttag unter bedecktem grauem Himmel, setzte die Dämmerung früh ein und währte lang. Ich schaute mir fast die Augen aus, der Bock war nicht wiederzufinden. Schließlich machte ich mich lautlos davon.

Lange lag ich noch wach. War er ein Durchzügler? Gibt es das bei Waldrehen, dass von weither ein Bock in einen Einstand zuwechselt, in dem schon ein Platzbock vorhanden ist? Hatten die Nachbarn den mit den mageren mittelmäßigen Sechserstangen geschossen, und dies war ein aus den Nachbarabteilungen zugezogener Nachfolger? Schließlich erinnerte ich mich: Zu Beginn der Jagdzeit, beim Durchfahren zu einer Saukirrung, hatte ich einmal in den regennass glänzenden Himbeerstauden einen Bock gesichtet, hellstangig wie der Ortsansässige, aber anscheinend voller der Rumpf und kräftiger und kürzer das Gehörn.

Ich war ihm nie wieder begegnet, schließlich hatte ich an eine aus meiner Überpassion erwachsene Verwechselung geglaubt.

Am nächsten Tagen schob ich um die Mittagsstunde die Akten an die Seite. So bürofein, wie ich war, in blauem Blazer, Schlips und weißem Kragen, nur die grüne Sommerjacke darüber, streifte ich zügig den Wanderweg hinunter. Vielleicht hatte der Aggressive die Laune zu einer weiteren Nahbegegnung? Der Wanderweg weitet sich an einer Stelle ein wenig zu einer kleinen Waldbucht auf. Dort zweigt ein Seitenweg ins Waldinnere ab. In der einen Flintenschuss breiten Lichtung sprießen frischgrün die Himbeeren überall dort, wo vom Feldrand Sonnenlicht einfällt. Dazwischen schaut zwischen allerlei besenartig kurz gebissenen Vogelbeersträuchlein die braune Laubstreu durch. An diesem Ort konnte ein Rehbock, wenn er den dortigen Einstand auf etwa durchwechselnde Konkurrenten im Blick haben wollte, sich platziert haben. Ich glaubte so fest an diese meine Eingebung, dass es mich nicht überraschte, als sich dort plötzlich hinter einer Himbeerstaude ein Rehträger aufreckte, dann mit einem Ruck ein mächtiger Rehkörper sich erhob. Wie ein verärgerter Grundstückseigentümer, dem schon wieder Nachbars Kinder über den Rasen laufen und der eben zu einer dröhnenden Schimpfkanonade sich aus dem Gartenstuhl erhoben hat, stand der Bock da! Das Gewehr hatte ich mit gespanntem Schloss im Arm getragen. Ich hob es mit einer gleitenden Bewegung im Weitergehen, hielt dann inne und schoss aus freiem Anschlag. Flach weg fuhr der Bock in den Bestand hinein, dort hörte ich ein Aufrascheln und ein Schlegeln im Laub. Ich ließ ein wenig aufatmende Ruh, dann ging ich stracks dort hinüber, wo das Wild zusammengebrochen sein musste. Tief hatte das Gehörn sich in die Eichenstreu eingegraben. Mir wurde erst jetzt klar, da ich es heraushob, dass ich intuitiv geschossen hatte, ohne den Bock angesprochen zu haben. War's überhaupt der Gesuchte? Dem heißpassionierten Jäger spielen die kleinen grünen Teufelchen zu gern einen Streich!

Aber er war es; eine halbe Stunde später hing der schwere Rehkörper schon im Kühlraum an der Försterei, eine weitere halbe Stunde später zwängte ich mich wieder auf meinen Bürostuhl, verstohlen den Jackenärmel über einen roten Fleck auf der Hemdmanschette schiebend. Aber ein wenig brauchte es doch, bis ich mich aufs Neue eingelesen hatte, bis ich wieder den vielen Botschaften auf dem Bildschirm des Computers gewachsen war. Noch stand mit schwarzen rollenden Lichtern der Bock, düsterrot und mächtig anmutend, im Waldschatten vor mir. Nah, ganz nah am Wild war ich gewesen!

Des Jägers Glück kennt kein Verweilen, charakterisiert Ludwig Benedikt von Cramer-Klett des Waidmanns Seelenzustand. So kann es nicht verwundern, dass ich alsbald hinausstrebte, um herauszufinden, was aus dem ortsansässigen Bock geworden war, aus dem mit den langen, eher mäßigen, langweiligen, ein wenig zurückfliehenden Stangen. Am nächsten Sonnabend saß er, als gäbe es weder Blattzeit noch Jäger, nahe des Nachbarn Kanzel, nur wenige hundert Meter von dem Revierort, an dem ich den Aggressiven gestreckt hatte. Mittelalter, mittelstarker, mittelmäßiger Bock, so kategorisierte das Jägerhirn ihn erneut ein.

Im folgenden Jahr stand – gegen Ende Mai – der Bock wiederum in den Nachbarwiesen, ohne dass ich über seinen Herbsteinstand und sein Winterquartier Klarheit gewonnen hatte. Nur einmal war mir tiefer drinnen in der übernächsten Abteilung ein älterer Bock begegnet, als ich nahe der Bundesstraße auf Rehwild ansaß. Je weiter der Winter voranschritt, desto tiefer ins Holz und desto näher an die vielbefahrene Straße verlegten die Rehe ihre Einstände. Der Grund für diesen alljährlich sich vollziehenden Standortwechsel ist leicht nachvollziehbar: Bietet die Feldmark keine Äsung mehr, bläst der Nordwest in die entlaubten Partien des Waldsaumes, so ziehen sich die Rehe in die tiefer drinnen gelegenen Himbeerbeete zurück, die auch des Wintertags Deckung und Äsung zugleich bieten. In den kalten Jahreszeiten spart das Wild an Energie, um seine Feistreserven nicht vorzeitig verzehren zu müssen. Denn der eigentliche Hungermonat steht ihm nach alter Jägerweisheit noch bevor, die da lautet: »Hungermonat allerwärts – ist der März!« Je mehr die Knospen und die weichen Jahrestriebe der Vogelbeere im Waldesinneren beäst sind, desto weiter rückt das Wild in die Waldpartien vor, die es sommers über meidet, weil sie von Picknickgästen, Beerensammlern und Pilzsuchern überschwemmt sind. Tönt nicht mehr vom frühen Morgen bis zum späten Abend das Stimmengewirr und Autotürenschlagen vom Parkplatz und von den Waldwegeinmündungen herüber, so greift das Wild nunmehr dort auf die noch frische, nährstoffreiche, lockende Äsung zurück. Damit wächst die Gefahr, dass es des Abends bis auf die Straßenbankette und womöglich über die Asphaltbahn hinweg zieht.

Als ich einmal von der Chaussee aus Rehwild im Bestand gesehen hatte, beschloss ich, dort anzusitzen, um zugleich meine Pflicht zu erfüllen, Ricken und Kitze – und nicht nur im Sommer die Böcke – zu erlegen, aber auch mit Pulver und Blei dem Wild das straßennahe Herumbummeln zu vergällen. Der Ansitz behagte mir wenig, das ewig neue Aufrauschen der vorbeifahrenden Fahrzeuge nahm einiges von der Freude am Waldgenuss, den man, wohleingepackt, auch an kalten Wintertagen gewinnen kann. Als dann ein Schmalreh und ein Bock sich chausseewärts durch die Himbeerstauden schlängelten – er zeigte bereits wieder daumendicke Gehörnstubben auf seinem Haupt –, zögerte ich nicht lange: Sobald beide Rehe wieder waldein gewandt standen, brach der in aller Ruhe gezielte Schuss. Sie flüchteten wie geplant einwärts; das Schmalreh lag nach wenigen Metern in der Fährte, der Bock verschwand und kam nicht mehr in Anblick. Ob er es war, der jetzt da draußen in der Ökowiese ruhte? Das Gehörn schien ein wenig gedrungener, die Unterstangen dicker geworden zu sein. Aber so wie er sich gebettet hatte und im Sitzen an einem Blättchen knabberte, mit lang gestrecktem Hals, bewertete ihn das Jägerhirn wie im Vorjahr: mittelalter Bock mit mittelmäßigem Gehörn.

Ganz hinten, am Ende des Jagdbezirkes, hört der den Wald begleitende Buschwald jäh auf. Bei Südwind vernimmt man dort schon die Rufe vom Gemeindesportplatz, der, mehrmals erweitert, sich aus dem Dorf hinaus bis an den Waldrand hin entwickelt hat. Bestimmende Baumart von da an, im Nachbarforst, ist die Fichte. Von tiefer drinnen schimmerten im licht leuchtenden Frühlingsgrün die herabschwingenden Zweige einzelner Altbuchenhorste durch. Die Grenzlinie bildete ein alter Wall. Er deutet darauf hin, dass einst auch hier Felder gewesen sind. Der schleswig-holsteinische Waldbau hat eine eigenwillige Historie: Einst war das Land, bis auf die Moore und die Auentäler sowie die Fluss- und Meeresmarschen, vollständig von Wald bedeckt, überwiegend von Buchenwald. Er fiel radikaler Holznutzung zum Opfer, für die Verhüttung von Eisenerz, für das Bauen von Häusern, Scheunen, Schiffen und nicht zuletzt als Brennmaterial. So geriet Schleswig-Holstein zum waldärmsten Bundesland Deutschlands, ein Zustand, dem mehrere Aufforstungsprogramme Abhilfe schaffen sollten. Die Wälder weisen heute daher, manchmal in verblüffender Kombination, beide Strukturelemente auf: die sich den landschaftlichen Gegebenheiten anpassende ehemalige Feldwegstruktur, samt den Resten ehemaliger Knicks, der Wallhecken, und die schnurgeraden langen Schneisen mit sternförmigen Verteilerpunkten preußischer Reißbrettakkuratesse.

Einem alten Knickweg in den Bestand zu folgen lohnt sich für den pirschenden Jäger allemal: Ihn begleitend stocken masttragende Bäume und vielverbissene, weil beim Wild beliebte Laubgehölze. Im Windschatten des alten Knickwalles ruht und zieht alles Wild, von der Sau bis zum Fuchs, der in den trockenen Innenraum der Wälle gern seine Baue hineingräbt.

So folgte auch ich eines Tages dem Grenzwall, dem ich bisher wenig Aufmerksamkeit geschenkt hatte, eben weil er die Grenze darstellte und auch weil ihn im Nachbarlichen ein Weg begleitete, der von Joggern und Reitern häufiger benutzt wurde. Auf federndem braunem Waldboden, ohne störende Querwurzeln, lief und ritt es sich dort recht bequem. Das Sichvortasten in bisher wenig bejagte Winkel lohnt sich für den pirschenden Jäger. So entdeckte ich, dass sich längs des Grenzwalles fast lautlos die hinter der Laubholzbarriere laufende, hoch vergraste Schneise erreichen ließ: Ich ging recht touristenmäßig den Wanderweg entlang, an den beiderseitig im Feld wie im Waldessaum gelegenen Reheinständen vorbei, bog dann am alten Wall ins Waldinnere und wendete mich wieder in die Himmelsrichtung, aus der ich gekommen war. Das bedeutete eine ziemlich umständliche, aber eine neue Strategie, Einblick in die verborgenen Wohnstuben der Waldrandrehe zu gewinnen. Auch eine tief ausgeschlagene, schwarz glänzende Suhle entdeckte ich dort, bei der Suche nach einem unauffälligen Ansitzplatz. Ringsum stockte ein kleiner Wald von Vogelbeersträuchern; jeder war vom Rehwild verbissen. Zimtbraun leuchteten mir zahlreich Rehbetten entgegen. Von etlichen Stämmchen hing noch frischgrün die beim Fegen heruntergefetzte Rinde. Ich war an den Siestaplatz eines Rehbockes gelangt!

Mein Blick fiel auf einen mächtigen runden Kieferholzklotz. Ihn rollte ich an den Fuß einer der mächtigen Kiefern, vor der aus vielfältig verzweigtem Grundstamm eine Vogelbeerstaude aufragte. Die gut daumendicken Schösslinge reichten aus, meine das Gewehr haltende linke Hand zu stützen, während ich, auf dem Holzklotz sitzend, den rechten Arm aufs hochgezogene Knie stemmen konnte. Probeweise blieb ich eine Zeit lang sitzen. Ich hatte einen famosen Ansitzplatz gefunden! Linker Hand leuchtete das Feld durch, nach vorn schaute ich, wieder ins eigene Revier gewandt, in die lange, grün begraste Schneise hinein und halb nach rechts, sogar ein wenig abwärts, sodass der Waldgrund Kugelfang bieten würde, in allerlei Schluppen im Fichtenholz. Dass neben mir der Wanderpfad, hinter mir der breite Waldweg verlief, mochte die Rehe wenig stören. Ungesehen von den Menschen, selbst aber mit Überblick, vom erhabenen Platz am Fuß eines der großen Bäume, zusätzlich geborgen durch den alten Knickwall, schienen sie sich hier wohlzufühlen. Ich jagte nun schon einige Jahre dort, aber auf den Gedanken, in diesem hintersten Grenzwinkel meinen Stand zu beziehen, war ich zuvor nicht gekommen!

Ich saß also an dem eben gefundenen verheißungsvollen Platz, da hörte ich hinter mir Kinderstimmen. Regungslos blieb ich hocken, schielte nur verstohlen über die Schulter. Eine vielköpfige Kinderschar war es, die da herantollte, ausgelassen durch das zwischen Knickwall und Weg vom Wind zusammengefegte Buchenlaub schlurfend, dass es nur so in die Luft wirbelte. Samt den Kindergärtnerinnen, die miteinander über irgendwelche Geschehnisse im Dorf klönten, während die Kinder in ihrer Freude am Walderlebnis mit Laub und Dürrästen ihr Spiel trieben, zog der fröhliche Tross auf Stöckchenwurflänge an mir vorbei, ohne dass eines der vielen Augenpaare, von denen manches sicher auf mich gefallen war, den waldgrün gekleideten Jägersmann zwischen Busch und Baum herausgefiltert hatte. So regungslos gelassen, wie ich es getan hatte, mochten auch die Rehe, vielleicht nicht gleich eine komplette Kindergruppe, aber jedenfalls einen vorbeitrabenden Läufer, Wanderer, Reiter an sich vorbeiziehen lassen.

Am nächsten Abend würde ich wiederkommen, um ausfindig zu machen, welcher Bock diesen Grenzwinkel beherrschte.

Ich kam früh, marschierte ohne jegliche pirschjägermäßige Schleicherei den Wanderweg entlang und bog dann, jetzt aber auf leise vortastender Sohle, parallel zum Grenzwall ab. Jeden Augenblick, so fürchtete ich, konnte jetzt unter empörtem Schrecken ein Reh abspringen! Aber alles blieb still. Im Michniederlassen auf dem Holzklotz zog ich das Sitzkissen aus der Jackentasche und auch mein Abendbrot heraus. Nur kein Knistern und Knastern mehr, wenn ich einmal saß! Bis hierhin schien meine Aktion geglückt. Aber es konnte Wild in den Büschen in nächster Nähe sitzen. So erstarrte ich eine Weile zu völliger Regungslosigkeit, nur die Augen suchten das vielgestaltige Waldgelände ab, ob nicht irgendwo der rote Hals eines Rehs sich aus dem hohen Waldgras reckte, ein dunkelroter Rumpf sich durch die Faulbaumstauden schob. Aber dergleichen geschah nicht, und so begann ich nach geraumer Wartezeit, all die vielen Schneisenfurchen und Blößen Meter für Meter durchs Glas abzutasten. Irgendwo musste der Inhaber dieses Reheinstandes stecken!

Schließlich gemahnte mich mein Magen, nach dem Abendbrot zu tasten, das schon auspackt neben mir im Gras lag. Da raschelte es halbrechts hinter mir in der Buchenstreu. Ich ließ meine Stulle aus der Hand sinken, drehte im Zeitlupentempo den Kopf. Wieder dieses Krispeln, in ganz gleichmäßigem Rhythmus kam es näher. Das waren keine Menschenstiefel, dort zog Wild! Ich gewahrte einen lehmroten, grau überhauchten Rehrumpf, darüber ein Gehörn, leuchtend, mit starken Unterstangen und Rosen. Der Bock strebte schräg nach links vorn der feldnachbarlichen Ökowiese zu und schnitt sozusagen ein Eckchen ab, indem er dabei meinen Bezirk kreuzte. In wenigen Fluchten konnte er durch den Buschstreifen schlüpfen, den Wanderweg queren, um in die rehbeliebte Wiese hinauszutrollen. Wenn ich seiner habhaft werden wollte, durfte ich keine Sekunde verlieren! Als zwei gegeneinander versetzt stehende Kiefernstämme Haupt und Vorschlag des Bockes deckten, hob ich das schwere Gewehr. Der Bock trat hervor, gerade dass der Rumpf frei war, und äugte mich an. Einen Hauch meiner Bewegung, das Aufglänzen des Drillingslaufes, irgendetwas hatte er auf diese Nahdistanz wahrgenommen. Seine tollkirschendunklen Lichter waren in einem Ausdruck der Empörung und des jähen Erkennens auf mich gerichtet! Zum Anstreichen blieb keine Zeit. Sitzend freihändig schoss ich, als das Fadenkreuz halbwegs an die rechte Stelle hinter dem Blatt geschwankt war. Im Schuss trat der Bock auf schwankenden Läufen seitwärts, hinter die Kiefernstämme. Nur einen Schimmer seiner Flanke gewahrte ich noch. Wenn ich jetzt mich rührte, würde er in letzter

Flucht auf der eigenen Fährte zurück über den Wall ins Nachbarliche flüchten! Ich hielt den Finger am hinteren Abzug des Drillings, denn im linken Schrotlauf hatte ich ein Flintenlaufgeschoß geladen. Nach einer Weile erhob ich mich lautlos, lud den Kugellauf aus dem patenten, am Zielfernrohr befestigten Beisteckmagazin nach. Da fiel der Bock auf die Seite, streckte sich. Sein Haupt lag mir zugewandt, sein Blick aber ging an mir vorbei in waldgrüne Fernen. Ich sah die einfarbig rehbraune Stirn, die nussbraunen Stangen. Sollte es der Feldbock sein, der ewig mittelmäßige, den ich aus der Intuition heraus geschossen hatte? Eine ganze Zeit noch stand ich regungslos in äußerster Anspannung. Dann trat ich, das Gewehr im Halbanschlag, die paar Schritte hinüber. Alle Vorsicht war nicht mehr nötig, längst waren seine Lichter gebrochen. Ich sah den vollen Rumpf, die nach außen fallenden, wenn auch schlichten Rosen, die daumendicken Unterstangen. Das war ein alter Bock!

Am folgenden Abend packte mich die Neugier. Ich wanderte, den Drilling auf der Achsel, in der Vordämmerungsstunde den Waldweg entlang. In der aufgelassenen Wiese, gegen die rot leuchtenden fernen Dächer der Dorfhäuser hin, stand fuchsfarben leuchtend, mit blitzendem gelbem Gehörn der Gabler – ein Zweijähriger war's wohl –, der sich in den letzten Wochen nahe den Hausgärten der Siedlung herumgedrückt hatte. So muss es wohl der ewig Mittelmäßige gewesen sein, den ich nun gestreckt hatte. Zwischen fünfjährig und siebenjährig ordneten ihn die Jagdkollegen ein, nachdem sie mit kritischem Blick und prüfend tastenden Fingern den Unterkiefer, die Stirnzapfen und die Rosen, die Schädelnaht, die Nasenscheidewand beschaut hatten. Mir war das alles nicht so wichtig. Weder das schlichte Gehörn noch das Jagderlebnis seiner Erlegung verdienten das Prädikat der Mittelmäßigkeit. Welch ein Abenteuer war das gewesen, Jagd und Jagdglück nach Art der kenntnisreichen Altvorderen so nah am Wild!

Die Brombeerbuschsau

»Sommerjagd auf Sauen?«, entgegnete bei einer Jägerplauderei ein lebenserfahrener und jagdkundiger Freund, »davon verstehe ich nichts!« – Die Wahrheit ist: Er versteht sowohl vom Jagen überhaupt als auch vom Schwarzwild im Besonderen weitaus mehr als die meisten Waidgenossen. Über fünfzig Lebensjahrzehnte war ihm die Jagd nicht nur Lebenselixier, sondern zeitweise fast ein zweiter Beruf. Die Liste derjenigen, die unter seiner kundigen Führung einen starken oder abnormen Schaufler geschossen haben, weist manchen prominenten Namen auf. Was er mit seiner kategorisch, fast abweisend klingenden Formulierung mir mitgeben wollte, war: Lass die Hände vom Jagen unterm Sommermond! Denn die Jagd auf Sommersauen birgt die Gefahr in sich, dass man eine Bache schießen könnte, die noch geringe gestreifte Frischlinge führt – zumal wenn nach etlichen vergeblichen Spätansitzen der Drückefinger, oder vielmehr der sein Abkrümmen auslösende Gehirnimpuls, bereit ist, rasch loszugehen. Auf der anderen Seite: So eine glattschwartige, wie man in Holstein sagt, schiere Sau, die nicht im Geringsten Rauschzeitdüfte ausstrahlt, ist nicht nur eine ansehnliche Beute, sie liefert gutes Wildbret, auch wenn das gestreckte Stück ein Keilerchen oder gar ein richtiger Keiler ist. Und: Man braucht auf dem Ansitz des Sommerabends nicht zu frieren!

Die Sommersau-Erfahrungen beschränkten sich in jenem Abschnitt meines Jägerlebens, in dem sich das nachstehende Erlebnis abspielte, auf die zufällige Erlegung eines Frischlings. An einem taunassen Sommermorgen pirschte ich hübsch sachte unter dem lichtgrünen Dom meiner Lieblingsbäume, der Eschen, dahin, nach links und rechts in die von Haselstauden gesäumte Erlenaufpflanzung hineinspähend. Ein Rehbock stand noch auf der Liste. Zwei der drei Böcke, die ich am Tag vor dem Jagdaufgang binnen weniger Minuten bei einer Runde in dem mir neu zugefallenen Revier gesichtet hatte – ein nahezu unglaublicher Zufall in einem dicht bestockten Mischwaldrevier –, mussten in diesem Waldwinkel noch um die Wege sein. Es gab Laubhölzer, Himbeerbeete, grasgrüne Schneisen, also genug und vielfältige Äsung. Nicht alles Rehwild würde seinen Sommereinstand in der rings um den kleinen Forst sich erstreckenden einsamen Feldflur genommen haben. Zudem war, sollte wirklich einmal Rotwild eingewechselt sein, ein Hirsch oder ein Rotschmaltier frei.

So streifte ich dahin, die kurze Büchse bereit im Arm, wohl wissend dass ich mich in die Herzkammer des kleinen Reviers vortastete. Aber es war der letzte Jagdtag vor den großen Ferien. Sie galten viel Wichtigerem als der Jagd, nämlich der Freizeit mit den Kindern. Drei volle Wochen würden Wald und Wild Ruhe vor mir haben; da durfte ich diesen Pirschgang in das sonst nach selbst auferlegter Regel streng geschonte Innere der im Feld gelegenen Waldinsel einmal wagen. – Ich folgte der kaum noch erahnbaren alten Fahrspur im hoch vergrasten Weg. Seit mehr als einem Jahr hatte hier hinein, nachdem die Erlenanpflanzung herangewachsen und der sie bis dahin schützende Zaun eingerollt und abtransportiert worden war, niemand mehr seinen Fuß gesetzt, war hier nicht ein einziges Fahrzeug mehr gefahren. Ich habe auch in den späteren Jahren, die ich dort jagte, auf diesem schwer begehbaren Weg, dessen Hartgras sich ständig um die Beine zu wickeln pflegte und das nie ganz abtrocknete, nicht ein einziges Mal einen Menschen getroffen. Für mehr als ein Jahrzehnt bedurfte nun die weiträumig gesetzte Erlenkultur, die auf dem feuchten, der Au nahen Grund lückenlos gelungen war, weder einer Durchforstung noch überhaupt jeglicher Kontrolle.

Das kleine Waldstück, das an einer Schmalseite von einem verwunschenen Fließ begleitet wurde, barg manches Geheimnis, das die auf der gar nicht fernen Autobahn unentwegt vorbeiflitzenden Menschen nicht erahnen konnten. Der Schwarzstorch brütete dort. Schnepfen zogen quorrend bis in den Juni hinein. Pfeilschnell schwirrte metallschimmernd der Eisvogel nah an mir vorbei, als ich aufatmend an das Ufer der Au trat. Um dorthin zu gelangen, musste ich mich durch dichtes Gehölz und Gestrüpp vorkämpfen, bis ich urplötzlich in ihr moosbraunes Wasser hinabschaute. Fast wäre ich hineingestürzt, so dicht stand die Ufervegetation. Einen das Flüsschen begleitenden Weg gab es nicht, ebenso wenig gab es Waldrandwege. Nachdem vor Längerem die Landesforst das verwunschene Bauerngehölz mit seinen Beständen aus Erlen, Buchen, Eschen aufgekauft hatte, waren alle Freiflächen aufgeforstet worden. So kamen Fichtenschöpfe und Lärchenhorste auf den sandigen ehemaligen Heiderücken und vor allem einige düstere jüngere Douglasiendickungen hinzu. Ein Teil der Fichtenbestände mochte wohl noch aus der Vor-Landesforst-Zeit stammen. Die Bauern hatten sie gesetzt, um immer wieder Bauholz aus den schnellwüchsigen Nadelholzpartien gewinnen zu können. Beim Durchforsten jener Altbestände waren die Wipfel und Seitenäste kreuz und quer liegen geblieben. Sie blockierten die Rückeschneisen und die wenigen, ohnehin miserablen Waldwege. Spaziergängern oder gar Radfahrern bedeutete dieser gar nicht stadtfern gelegene Wald also kein Ziel; dafür war er für das Wild umso anziehender. Die Heimlichkeit dieses Winkels, die es dem scheuen schwarzen Storch angetan hatte, der damals nur in sehr wenigen Paaren im Lande heimisch war, sagte auch den Rothirschen zu: Zu einem häupterstarken Trupp zusammengerudelt fanden, sie sich alljährlich hier zum Beginn des Maimonats ein und blieben, nur von wenigen des Lesens von Pirschzeichen Kundigen bemerkt, bis die Brunft sie zu fernen Plätzen fortlockte.

Ornithologisch mehr bewandert denn als Hochwildjäger, entdeckte ich die überraschenden Vorzüge dieses durchaus nicht stadtfernen Standortes. Dabei lief ich mit einem Rothirsch zusammen, den ich – seine sommerrote Decke schimmerte durch die Haselstauden, ohne dass ich den gesamten Wildkörper erfassen konnte – zunächst für ein Reh gehalten hatte. Die Überraschung war auf beiden Seiten groß: Der Hirsch hatte hier in seinem heimlichen Sommereinstand nicht mit einem Menschen gerechnet, ich selbst war von dem nahen Anblick des mächtigen Wildes tief beeindruckt. Einige Augenblicke standen wir einander Blick in Blick gegenüber. Ich versäumte nicht zu registrieren, dass sein Bastgeweih acht Enden aufwies, dabei auf der rechten Stange eine längs gestellte und auf der linken Seite eine quer gestellte Gabel. Sein überrascht-kindhafter Gesichtsausdruck wies ihn als jungen Hirsch aus. Ich hoffte, ihn nach dem Jagdzeitbeginn wieder zu treffen, aber er kam mir nie wieder in Anblick.

Im Spätfrühling hatte ich einen Freund bitten müssen, mit seinem Drahthaarrüden einen Anschuss zu kontrollieren. Ich hatte, im Eichengebüsch am Feldsaum den Einwechsel abpassend, durch allerlei Staudicht auf einen geringen Rehbock geschossen. Der erfahrene Waidmann kam mit der aufregenden Nachricht aus dem dichten Laubholzbestand zurück, »überall« hätten die Sauen auf der Suche nach Fraß sich zu schaffen gemacht und bei ihrer Fahndung nach Mäusenestern zahlreiche Baumstubben ausgegraben. Er erklärte mir auch, dass die eifrige Wühlarbeit nach den Nestern der kleinen Nager auf den hohen Eiweißbedarf des Schwarzwildes im Frühjahr zurückzuführen sei. Ich hatte also Sauen im Revier! Über dieser Botschaft ging fast der Hinweis unter, der Rehbock sei zweifelsfrei gesund, und unter ging über die neue Verheißung zugleich auch meine Enttäuschung über den Fehlschuss.

Der zuständige Förster kam nur selten in diesen Außenbezirk. Er hatte mir, als er mir den Pirschbezirk zuwies, zum Schwarzwild nur gesagt, dass es vorkommen könne und mir freigegeben sei. Allerdings habe noch niemand dort herum eine Sau gestreckt. Der Inhaber des Nachbar-Begehungsrechts, Städter wie ich, mit dem ich mir das Jagen in dem kleinen Wald einvernehmlich teilte, wusste allerdings zu berichten, sein Vorgänger sei, eines hellerlichten Mittags ohne Gewehr nur zum Hundeausführen auf waldlichen Pfaden unterwegs, mit einem mächtigen Keiler zusammengetroffen. – Die zahlreichen umwühlten Stubben waren zwar auch mir aufgefallen, aber ich hatte ohne tiefere Kenntnis und ohne weiteres Nachdenken darauf getippt, dass Füchse auf der Mäusejagd diese Erdarbeiten verrichtet hatten.

Ich befand mich auf dem Stück der hoch vergrasten Trasse, die seinerzeit im gezäunten Bereich gelegen hatte, sicherlich war sie der Rest eines bäuerlichen Wirtschaftsweges aus der Zeit, als sich hier noch saure Wiesen erstreckten. Sie verlor sich in den Erlenbestand hinein. Gegen ihr Ende hob sich das Gelände ein wenig an; dort stockten einige Brombeerstauden, die ihre Ranken bis in das nur noch erahnbare Weggeleis ausgestreckt hatten. Beim Vorpirschen verhakte sich mein rechter Fuß in einer der Ranken, es gab einen Ruck bis tief hinein ins kugelige Brombeergebüsch, dann ein Rascheln, und heraus flitzte in kurzen Fluchten ein strammer Frischling! Der Wutz schlug einen Haken über den Weg und fuhr zurück in das flaschengrüne Dickicht. Da hatte ich schon die kurze Büchse am Kopf, schoss, repetierte, ohne abzusetzen, und feuerte eine weitere Kugel dorthin, wo wuchtelnde Ranken und Gräser die Fluchtbahn des Wildes bezeichneten. Schlagartig war drinnen in dem Verhau Ruhe; ich schob die dritte Kugel in die Kammer, würgte mich durch das oberschenkelhohe Gewirr dorthin, wo ich eben noch den Wildkörper erahnt hatte. Mit abgezirkelten Herzschuss lag dort mein Frischling. Ich konnte ihn – er war gerade so schwer wie ein guter Rehbock – leicht herausziehen und zu einem nicht fernen Querweg bergen.

Offen ließ ich vor mir selbst, ob nun die erste oder die zweite Fluchtkugel getroffen hatte oder gar beide auf gleicher Bahn den Wildkörper durchschlagen hatten – Zufälle und Glücksfälle kennzeichnen die Jagd. Jedenfalls beeindruckten einige Abende später einen Gast die zierlichen allerfeinsten Wildschweinrouladen, die mir ein guter Freund aus den Flanken und den Blattstücken des Frischlings mit kundiger Hand herausfiletiert hatte. Der kulinarische Genuss der für diesen Revierort seltenen Beute rundete das besondere Erlebnis des Pirschganges ab.

Vor allem bestätigte er die Anwesenheit von Sauen! Ob der Frischling tatsächlich allein unterwegs gewesen war? War die zugehörige Bache an einem der langen lichten Sommerabende im Feld gefallen? Oder hatte sie sich, womöglich samt weiterem Nachwuchs, in dem Brombeerbusch gesteckt und sich nach dem Verlust ihres vorwitzigen Sprösslings ungesehen verdrückt? Das alles enträtselte ich nicht. Aber ich träumte während der Mußestunden im Strandkorb bei der Lektüre der »Pirsch« davon, den nach der Meinung des Nachsuchenführers zahlreichen und durch meinen Glücksschuss nunmehr eindrucksvoll bestätigten Sauen planmäßig auf die Schwarte zu rücken.

Kaum dass ich aus dem Urlaub zurück war, kirrte ich nach meinem im Rauschen der Nordseewellen gefassten Plan in der matschigen Senke einer nach Süden hinausgehenden Schneise mit einigen Handvoll Mais an. Ich bestrich auch mit Buchenholzteer den glatten Stamm einer Fichte neben der Pfütze. Dabei ging ich mit der klebrigen braunen Flüssigkeit, von der ich eine Plastikdose im örtlichen Landhandel erstanden hatte, nicht eben vorsichtig um; das Auto sowie meine Kleidung strömten danach tagelang eine – jedenfalls für mich – verheißungsvolle, aber nach der Meinung nichtjagender Mitfahrer penetrante Witterung aus. Dann zimmerte ich mit der handwerklichen Hilfe eines Freundes und seines vom Akkuschrauber faszinierten Sohnes eine Baumleiter, die als Negativbeispiel in der Broschüre der landwirtschaft-

K.P. Reif

lichen Berufsgenossenschaft mit der Höchstzahl an möglichen Beanstandungspunkten hätte aufgeführt werden können. Aber sie hielt die Zeit aus, die ich das Begehungsrecht innehatte. Kurz vor seinem Auslaufen ließ der Förster sie entfernen; er hat sie wohl für eine Abenteuerkonstruktion der Dorfjungen gehalten.

Im späten Dämmern aber war lautloses Hinpirschen zu diesem allerersten Kirrplatz meines Jägerlebens nicht gut möglich. Das Hartgras und die Jungbirken, die sich auf dem selten begangenen Waldweg ausgebreitet hatten, krispelten verräterisch, und wenn ich endlich auf meinem Brettchen mich zusammengeruckelt hatte, zog die Luft, ohne sich um den Wetterbericht und die darin enthaltene Windvoraussage zu scheren, von einer Seitenschneise im hohen Bestand her wie durch einen Kamin so zu mir herüber und weiter auf die nächstgelegene Dickung zu, dass mit einem Anwechseln der Sauen von dort nicht zu rechnen war. Wenn ich damals auch kein Kenner im Saukirren war, so wusste ich doch, dass aus dem Wind des Jägers kein Wild kommen würde. – Wie viele Leitern und Kanzeln sind wohl schon im Jungjägereifer gezimmert und mit viel Schweiß aufgerichtet worden, ohne dass die Hauptwindlage vor Ort bedacht war? Dass gerade im Wald der Bodenwind oft ganz andere Wege nimmt, als Wolkenzug und Windvorhersage es erwarten lassen, dass er am Dickungsrand überrollt, die langen Schneisen im hohen Baumbestand wie Windbahnen wirken, dass alles stellt nur fest, wer am erwählten Platz ein paar blaue Wolken Tabakrauch oder Seifenblasen in die würzige Waldesluft entsendet und vor allem diese Probe von Zeit zu Zeit während des Ansitzes wiederholt. Ich will hier keineswegs dem Genuss und Konsum von Tabak das Wort reden, aber einer der ganz erfolgreichen Jäger, die ich kenne, der häufig pirscht und sich spontan die Waldwinkel wählt, an denen er seinen Sitzstock aufpflanzt, wenn ihm Ort und Zeit günstig erscheinen, der hat fast ständig die dickköpfige Pfeife im Mundwinkel hängen.

Ich schaute mich nunmehr nach einer Kanzel um, die ich für den Mondscheinansitz nutzbar machen könnte. Nahe einem Weg aufragende Kanzeln sind oft unter den Gesichtspunkten der Drückjagd aufgestellt worden. Denn bei diesen Jagden geht es darum, eine Vielzahl von Jägern binnen einer halben Stunde an ihren Ansitzplatz zu bringen, ohne so viel Radau, dass schon allenthalben das Wild auf die Läufe gerät und mit gespitzten Lauschern und gehobenem Windfang aus seinen angestammten Einständen davonstakst. Einweisung des Schützen möglichst noch im Fahrzeug durch den ortskundigen Jäger-Fahrer, ein Türenklappen, und schon ist die Störung fort. So sollte der Auftakt einer Drückjagd gelingen. Wenn jetzt der Schütze noch hübsch behutsam seinen Stand erklimmt und ohne viel Hantieren sich rasch stille hinsetzt, so kann er hoffen, dass er später, wenn Treiber und Hunde Lärm ins Treiben bringen, zu Anblick und Schuss kommt.

In dem mir neu zugewiesenen Jagdbezirk stand so eine Kanzel am Rand eines Waldweges, der selten begangen war. Die Buchen beschatteten ihn dermaßen, dass kaum Gras darauf wuchs; der nackte graue Waldboden der Geest trat zutage. Sollte sich diese Kanzel nicht auch zur Einzeljagd nutzen lassen? Mir behagte auf den ersten Blick der Platz. Auf dem Weg würde es sich in der Dämmerung und auch im matten Licht des Mondes leise zu der an ihrem Rand aufragenden Kanzel hinpirschen lassen. Von ihr weg führte das Fahrgeleis jäh in eine Senke hinab. Erst wenn man die Leiter erklommen hatte, gab sich der Blick in das kleine Tal frei. Rechts neben der Kanzel stockte, ins Buchenholz eingesprengt, ein Horst Douglasien. Er hatte wohl zunächst im Zaun gestanden, jetzt war er so weit herangewachsen, dass man von der Kanzel ein Stück weit durch die Pflanzreihen hineinschauen konnte. Die Senke vor dem Hochstand ersteckte sich quer zum Weg und führte aus dem Forst in die Feldmark hinaus. Solche natürlichen Passagen nutzt das Wild, und so ließ sich das graue Band eines Wechsels, den über viele Jahre die Schalen zur und von der Feldmark ziehendes Wild ausgetreten hatte, unschwer erkennen. Der Wechsel führte, wie es in hügeligem Gelände oft der Fall ist, nicht durch die Tiefe der Senke und auch nicht oben auf dem Kamm entlang, sondern nahe diesem unterhalb der Kuppe. Das Wild wählt in solch kupierter Landschaft die Wechsel oft so, dass es Übersicht, rasch beschleunigte Fluchtmöglichkeit ins Tal, aber auch die Möglichkeit hat, in wenigen Sätzen hinter der Kuppe zu verschwinden.

Der Revierbeamte hatte die Kanzel neben den Douglasienhorst in den Schatten und zudem tief unter die Zweige einer Altbuche gestellt, die bis tief in den unteren Stammbereich beastet und belaubt war. Man kletterte in ein natürliches Tarnnetz hinein. Zwar war es im Winter, nach dem Laubfall, durchsichtiger. Aber immerhin, auch in der kalten Jahreszeit schufen die Äste, Zweige und Triebe der mächtigen Buche einen Sichtschleier. Der Jäger saß also bequem, natürlich getarnt und mit Übersicht gegen den Hang und über die Kuppe hinweg.

Mehrmals fährtete ich den am Hang sandig werdenden Weggrund ab. Nicht nur Reh- und Damwild war feldwärts gezogen; es standen dort auch mehrmals die Trittsiegel von Sauen und einmal gar Rotwildfährten.

Irgendwo von gegenüber, jenseits des kleinen Tales, schienen die Sauen zu kommen und sich unterhalb des Douglasienholzes in den breiten, von allen Wildarten genutzten Wechsel einzufädeln. Probeweise teerte ich den Stamm einer Douglasie nahe der Kanzel mit Buchenholzteer, und schon bald starrte der nach der Behandlung zunächst waldhonigbraun glänzende Stamm von Sauborsten. Der Platz behagte also dem Schwarzwild. Ich vermute, dass sie den dichten, schützenden Douglasienhorst nutzten, um dort in sicherer düsterer Deckung eine Zwischenstation einzulegen, den Wind, wenn er vom Feld her wehte, zu prüfen, um dann im angrenzenden Buchenholz nach Bucheckern und den Früchten einzelner Eichen zu brechen, die weiter zum Feldrand hin am gut besonnten Westrand standen, ehe sie sich in tiefster Nacht auf den Wechsel hinaus in die Feldmark machten.

Ich begann, unter den Douglasien Mais zu vergraben, und als umgebrochene Erdplacken auswiesen, dass die Sauen meine goldenen Gaben gefunden hatten, versetzte ich die Kirrstelle Stück um Stück gegen den Rand des lichten Bestandes zum Wegessaum hin. Dort standen einige mächtige rauhstämmige Lärchen. Auf der mittelholsteinischen Geest stockt plötzlich das Wachstum der Lärchen, wenn sie ein mittleres Alter erreicht haben. Härter und Härter wird zwar ihr Holz, aber an Dicke nimmt der Stamm kaum mehr zu. Die Jahresringe bleiben millimeterdünn. Die jähe Wachstumsbremse rührt nicht vom Klimawandel oder angeblichen Abwindfrachten von fern gelegenen Industrien oder von Salzfrachten in dem von der Nordsee hereinbrausenden Westwind her. Die Ursache liegt vielmehr im Untergrund: Erreichen die Wurzeln, sich analog zum Höhen- und Dickenwachstum des Baumes immer tiefer ins Erdreich vorarbeitend, die hier allenthalben vorhandene Ortsteinschicht, so hört das Baumwachstum auf. Die Lärchenwurzeln schaffen es nicht, die Ortsteinschicht zu durchdringen. Der Baum kann sich nicht mit mehr Wasser und darin gelösten Nährstoffen versorgen und daher sich nicht weiterentwickeln. Die Lärchen hier aber hatten, vielleicht weil am Rande der Bodenwelle und der dahinter liegenden Senke die Geologie im Untergrund sich anders gestaltete, eine prächtige Höhe erreicht. Regelrechtes Wurzelgestühl, wie man es zu Füßen von Hochgebirgslärchen in der Gamsregion finden kann, hatten sie ausgebildet. In seinen Mulden lag eine dichte Streu aus braunen Lärchennadeln. Dort war leichtes Futterausstreuen: Ich schob die Streuschicht mit dem Fuß zur Seite, warf ein paar Handvoll Maiskörner in diese natürlich entstandenen Fächer und deckte sie mit einer Fußbewegung wieder ab, sodass sie vor dem Zugriff der Eichelhäher, Ringeltauben, Amseln und Kleiber, den eifrigen Mitessern an des Jägers Kirrungen, wie vor neugierigen Wandererblicken perfekt verborgen waren. Vor allem konnte ich auch, wenn ich nicht jagdlich beschuht und bekleidet unterwegs war, ohne viel Aufwand meine Kirrung in Gang halten. – Die Sauen nahmen diese Kirrfächer an, und endlich trafen Dreiviertelmond und berufsfreie Abende zusammen!

Ein Jäger, der die dienstlichen Termine in meinem Kalender betrachtet, muss den Eindruck gewinnen, er werde ausschließlich von Nichtjägern gemacht, wenn nicht gar von Jagdgegnern! Die Hauptstresszeiten liegen im Mai, September und Oktober, zwischen den jeweiligen Schulferienzeiten. Dabei sind die meisten Mitglieder der politischen Gremien, denen ich von Berufs wegen beiwohnen muss, längst aus dem Alter heraus, in dem sie auf Kinder und damit auf die Schulferien bei der Urlaubsplanung Rücksicht nehmen müssten. Aber die lästige Tradition ist geblieben: Die aussichtsreichsten Jagdmonate sind zugleich die Hauptarbeitsmonate. Ebenso nachteilig durchkreuzt werden die Mondphasen: Rundet sich der Mond, so steigt die Zahl der aufeinander folgenden Pflichttermine.

Damals aber hatte ich Glück und fuhr hinaus, rollte sanft in den Waldweg hinein, dann zweihundert Meter von der Kanzel entfernt seitwärts in die Laubstreu des Buchenaltholzes. Von dort pirschte ich auf leisen Sohlen der Kanzel zu. Der noch nicht voll gerundete Mond schimmerte durch die Gitter der Zweige, verschwand hinter Wolkenschleiern, tauchte kurz wieder auf und blieb schließlich verdeckt.

Immerhin, auf dem Weg hätte ich einen Wildkörper mit bloßem Auge erfassen und ihn dann durchs Nachtglas, wenn das Stück einige Augenblicke stehen blieben, näher identifizieren können. Seitwärts, auf dem laubblanken Boden des Buchenaltholzes, war die Sicht noch besser. Er wurde empfindlich kühl, ein wenig Reif schien zu fallen, denn im Glas sah ich Abertausende Buchenblätter aufschimmern. Wer auf sich warten ließ, waren die Sauen. Aber der Wind stand gut, die Kirrung war jede Nacht angenommen gewesen, ich würde ausharren. Heute war mein Tag!

Fröstelt der Jäger unter der Kälte und der Dauer der Mondansitznacht, so weicht heiße Passion mehr und mehr nüchternem Betrachten. Ich wurde mir zunächst darüber klar, dass ich aus den Fährtenbildern nicht herausgetüftelt hatte, woher eigentlich die Sauen kamen, von links aus dem weitläufigen, buchenunterbauten Fichtenaltholz, von vorn über die jenseitige Bodenwelle und durch das Tal oder in diesem entlang, seinem sich windenden Verlauf folgend, von ganz fern her aus dem Forst? Mit der Feststellung dieses Versäumnisses, das Wildverhalten nicht grundlegend vorerkundet zu haben, was aber Voraussetzung erfolgreicher anstelle letztlich frustrierender Nachtansitze ist, ging die Erkenntnis einher, dass ich in den Douglasienhorst nicht hineinsehen konnte. Trotz der gewissen Mondhelle blieb es dort düster, und auch die unter Tage so lichte Lärchenstreu am Rande des Bestandeskomplexes reflektierte nicht etwa, wie das Buchenlaub nebenan, auf dem sich der Reif lagerte, den vom Himmel matt fallenden Schein. Ich hätte lieber im Altholz, seitswärts der Kanzel, kirren sollen, gegen die Feldkante zu, über der auch ein Hauch orangefarbenes Licht lag, herüberfallend von den Beleuchtungen eines nicht allzu fernen Landstädtchens. Aber ich harrte aus! Ich wollte wenigstens erleben, dass die Sauen kamen!

Erst gegen die zehnte Abendstunde vernahm ich im Douglasienbestand das bekannte Ästeknacken, Schalenpoltern und Blasen, unter dem eine Rotte Sauen vertraut ins Gebräch geht. Ich verortete in etwa, welches der Baum war, den ich mit Buchenholzteer bestrichen hatte. Dorthin starrte ich durchs Glas, bis mir die Augen zu tränen begannen. Hin und wieder sah ich einen schwarzen Husch und kam zu dem Schluss, dass sich mehrere nicht mehr als mittelstarke Sauen dort zu schaffen machten. Ans Schießen war nicht zu denken. Das Sehfeld des Zielfernrohrs zeigte sich schwarz in schwarz, als ich probeweise die kurze Büchse vors Gesicht hob. Immerhin hatte ich die Hoffnung, die Sauen könnten auf den Weg kommen. Endlich klang das Blasen näher und näher und schließlich machte ich am Fuße einer der Lärchen eine Sau aus. Ihre Größe ließ sich dort deshalb gut abschätzen, weil ich die Dimensionen der Wurzelstöcke genau kannte. Etwa in Kniehöhe vereinigten sich die Wurzelausläufer mit dem Stamm, und höher war die Sau nicht, also war es ein strammer Frischling, allenfalls ein ziemlich geringer Überläufer. Rasch hob ich das Gewehr. Nur nicht zögern jetzt! Schnell würden die wenigen Kirrschubladen in den Wurzelnischen ausgeräumt sein! Es gelang mir, die Sau, braun auf brauner Streu, ins Fernrohr zu bringen. Ich rückte das Fadenkreuz mitten in den Wildkörper hinein. Vierzig Meter, mehr waren es nicht, dort hinüber; ich konnte nicht vorbeischießen! Der Schuss brach und die Rotte stob seitwärts durch das Buchenaltholz davon. Das gab einen gewaltigen Lärm. Dutzende Schalen klatschten in den angefrorenen Laubteppich. Bloßen Auges – meine Büchse im Kaliber .308 Winchester erzeugt trotz der Kürze des Laufes kein das Sehvermögen nach dem Schuss beeinträchtigendes Mündungsfeuer – sah ich die schwarze Masse der zusammengeballt Flüchtenden, dann, als sich die Rotte auseinanderzog, einzelne dahintrollende Schwarzkittel. Jetzt blieben die Sauen gar stehen. Der Schussknall mochte im raumen Holz hin und her gehallt haben. Davon waren sie irritiert. Gegen das offene Feld wollten sie auf keinen Fall hinaus. Sie verhielten also regungslos und prüften die Lage. Oder warteten sie gar auf das sicher – so hoffte ich pochenden Herzens – getroffene Rottenmitglied? Jedenfalls ging ich wieder in Anschlag, hatte gleich nach dem Schuss repetiert, wie ich es mir antrainiert habe. Auch auf dem Schießstand befleißige ich mich des raschen Öffnens des Verschlusses, selbst wenn dort keine zweite Patrone geladen sein darf. Denn was in Ruhe zu Hause und auf dem Stand nicht erlernt ist, wie soll es in den Minuten aufglühender Jagdpassion – und zudem mit frostklammen Fingern – gelingen?

Als ich die Sauen ins Rund des Zielglases bekam, setzten sie sich gerade wieder in Bewegung. Ich zog ein Stück mit, ein sicherer Schuss auf die im Troll befindlichen war bei dem schwachen Licht aber völlig ausgeschlossen. Doch ich wollte sehen, wo sie abblieben. Sie wechselten eilig um mich herum, dann im Bogen wieder in das Waldinnere hinein. Durch das Fernglas spekulierte ich nun erst zu dem Fuß der starken Lärche hinüber, vor die hin ich geschossen hatte. Wie eingefügt in das Rund der Ausbuchtung zwischen zwei mächtigen Wurzelstöcken hatte die Sau gestanden, in dieser Bucht musste sie liegen! Aber im Rund des Glases fand sich nirgends der erhoffte kleine braune Hügel. Ein paar Fluchten, so tröstete ich mich, kann eine Sau auch bei gutem Sitz der Kugel gehen. Hoffnungsvoll stieg ich die Leiter hinab, schaltete die Lampe an und stapfte den kurzen Weg zum Fuß der Lärche hinüber. Völlig unversehrt lag die braune Nadelstreudecke. Irritiert schwenkte ich den Scheinwerferstrahl hin und her. Die Sau lag hier nicht. Es gab noch drei weitere dicke Lärchen, aber keine hatte eine so spezielle, schüsselförmige Ausbuchtung ihres Wurzelstockes. Meter für Meter leuchte ich das nahe Umfeld des vermeintlichen Anschusses ab, dann alle weiteren Lärchensockel. Nichts entdeckte ich, was darauf hingewiesen hätte, dass die Sau getroffen war. Sauborsten wären auf der Lärchennadelstreu sicher schwer zu finden gewesen, aber Schweißtropfen hätten rot auf dem Zimtbraun aufglänzen müssen.

Verdrossen stapfte ich wagenwärts. Sollte die wochenlange Vorbereitung dieser Mondansitznacht vergebens gewesen sein? Konnte ich auf dreiundvierzig Schritte – ich hatte die Entfernung beim Hinübergehen zu dem Wurzelstock abgemessen – eine Sau gefehlt haben, die ich mitten im Rund des Zielglases gesehen hatte, als der Finger dem Abzug berührte?

Andern Morgens kam ich bei Hellwerden wieder, erklomm zunächst die Kanzel und vollzog von dort oben virtuell die Schussabgabe nach. Das ist eines der besten Hilfsmittel, den Anschuss zu finden, wenn an der vermeintlichen Stelle keine Pirschzeichen liegen. Doch, ich war sicher, vor den Wurzelstock hatte ich hingezielt und hingeschossen, den ich schon am Abend genau untersucht hatte. Dort musste der Anschuss sein. Schließlich ging ich in die Douglasien hinein; dort stand der Waldboden voller Saufährten, aber nirgends fand sich ein roter Tropfen. Ich suchte in engen, dann in weiteren Bögen – nichts. Schließlich fuhr ich heim. Wahrscheinlich hatte sich das Braun der Frischlingsschwarte mit dem Braun der Lärchennadeln und dem Rindenbraun der Lärchenwur-

K. P. Reif

zeln in dem alle Kontraste schluckenden gedämpften Mondlicht im Schatten der großen Bäume so zu einer Masse zusammengeschoben, dass ich daraus die Konturen zu einer Sau zusammengepuzzelt hatte, während im Augenblick des Schusses der Frischling schon längst auf den Weg hinausgewechselt gewesen war und außerhalb des engen Sichtfeldes des Fernrohres gestanden hatte. Die Eile, denn ich hatte befürchtet, das Stück könne nach der Aufnahme der wenigen Maiskörner rasch wieder hinein ins Dicke zu seiner Rotte verschwinden, und nicht zuletzt das Jagdfieber – es ging um eine meiner ersten Sauen – mochten dieses Sicheinbilden einer Sausilhouette bestärkt haben. So kam ich nicht auf den Einfall, noch einen Nachsuchenführer mit seinem Schweißhund herbeizubitten, sondern fügte mich in die Erkenntnis, dass man auf dem Weg vom jungen zum perfekten Jäger sich in das Hinnehmen allerlei Fehlschläge fügen müsse.

Einige Tage später – die Sauen hatten den Kirrplatz nicht wieder angenommen – pirschte ich die weitere Umgebung ab. Dabei stieß ich bis zum jenseitigen Rand meines Bezirkes vor. Dort lag neben einer Fichtendickung, die gut Mannshöhe erreicht hatte, ein mit etlichen munter aufschießenden Kiefern durchsetztes Laubholzgatter. Der Zaun war im Verfall begriffen, an mehreren Stellen hatten ihn die Sauen angehoben, regelrechte Wechselbahnen gingen dort hindurch; an den Drahtknoten klebten Sauborsten. Einmal hatte ich im Spätsommer erlebt, wie morgens die Rotte, drei Bachen und eine schier endlose Kette von Frischlingen aller Größen und Braunschattierungen, aus der Fichtendickung ins Gatter hinüberzog. Dort drinnen verborgen warteten etliche Reihen alter Baumstümpfe, die beim Herrichten der Fläche zusammengeschoben worden waren, auf ihren modernden Verfall. Später bin ich einmal vorsichtig, die kurze Büchse im Arm, dort hineingepirscht in der Hoffnung, die Sauen im Kessel vorzufinden. Ein langer Urlaub stand bevor, selbst wenn ich die Sauen jetzt vergeblich anging, in ein paar Wochen würden sie den unzumutbaren Besuch des Jägers in ihrer Schlafstube vergessen haben. Zwar traf ich nicht auf die Sauen, aber ich fand jede Menge alter Fährten und Losung und stellte fest, dass die Sauen inmitten des Junggehölzes, an die Stubben geschmiegt, auf warmem, wallartig zusammengeschobenem Humus, die Sonnenwärme auf der Schwarte, die Tage recht gemütlich verbracht haben mochten, während der Zaun sie davor schützte, dass ihnen Wanderer oder Pilzsucher zu Nahe auf den Leib rückten. – Jetzt standen dort keine Fährten. Sollte die Rotte ausgezogen sein aus meinem Revierteil? Sollte sie es gewesen sein, die an der doch recht fern gelegenen Douglasiendickung die Kirrung angenommen hatte? Das würde das späte Erscheinen des Wildes erklärt haben. Denn Sauen wechseln von ihrem Tageskessel zumeist in direkter Linie zu dem Ort, an dem sie ihren ersten Hunger stillen können, sei es eine Waldwiese, ein Kartoffelacker, eine Kirrung. Dabei brechen sie auch schon ein wenig nach Fraß im Waldboden. Je weiter der Weg, desto größer ist die Wahrscheinlichkeit, dass sie ein Mäusenest auftun und dort die eine oder andere Nachtstunde ihrer Grabarbeit nachgehen, während der ansitzende Jäger ins Nachtdunkel lauscht und sich der Geduld befleißigen muss.

Bei diesem Überlegen kam mir der Einfall, die imaginäre Anwechsellinie, die ich jetzt vermutete, von meiner Ansitzkanzel zurückzuverfolgen. Noch immer ging es mir darum, eine Erklärung für den unverständlichen Fehlschuss zu finden. Und ich wollte auch lernen, von woher in diesem Revierteil, den ich frisch übernommen hatte, die Sauen kamen. Ich ließ den Wagen unter der Kanzel stehen und schritt am Stamm der bewussten dicken Lärche vorbei schnurgerade in Richtung auf das ferne Gatter zu. Im Abhang fand ich so etwas wie eine abwärts führende Bahn. Hier musste, quer zu den deutlich ausgeprägten uralten Wechseln, des Öfteren Wild gezogen sein. Es ging sich im lichten Holz bergab recht zügig, und ich war schon etwa zweihundert und einige Meter von der Kanzel entfernt dem sich ausweitenden Talgrund nahe, da fiel ich regelrecht über eine verendete Sau. Aufgebläht lag das Stück da, ein strammer Frischlingskeiler. Ein hässlicher, erschreckender Anblick war das! Getrockneter Schweiß stockte in einem dicken düsterroten Placken auf der Rumpfmitte, die Eichelhäher hatten schon darin herumgepickt, oder einer der Kolkraben, die zum Feldrand hin in hohen Kiefern hausten. Mir blieb nichts anderes, als mich zu schämen und das verluderte Stück unter einen Wurzelteller zu schleifen und dort zu verscharren.

Lange hat mich dieses Erlebnis gegrämt. Schließlich machte die Erkenntnis der Verärgerung Platz: Ich hatte mir so viel Mühe gegeben und doch so vieles falsch gemacht: Der Ansitzplatz, so strategisch günstig er bei Tage anmutete, lag für die Nachtjagd zu sehr im Mondschatten. Er war zudem weit von den Tageseinständen der Sauen entfernt. Durch rechtzeitiges, sorgfältiges Abfährten hätte ich den Einstand feststellen und mir einen besser geeigneten strategischen Wartepunkt suchen können.

Heute fahre ich, bevor ich einen Nachtansitzplatz einrichte, beim Mondlicht hinaus und schaue mir die Örtlichkeit unter den nächtlichen Lichtbedingungen an. Manch am Tage verheißungsvoller Platz liegt im Finstern, in andere Stellen wiederum scheint der Wintermond über eine lange Phase hinein, womöglich wird Licht vom fernen Stadthimmel hinein reflektiert und letzter Nachschimmer der längst untergegangenen Sonne kommt womöglich zu Hilfe.

Es gehört ein gewisses Maß an Jagd- und Lebenserfahrung dazu, Fehlschläge solcher Art als Lehre zu werten, sie am Ende, wenn man seine Fehler verstanden hat, auch mit Dankbarkeit anzunehmen und nicht griesgrämig darüber zu werden, zumal wenn sie nicht zu einem langen Leiden des bejagten Wildes geführt haben – der Frischling war sicher längst verendet gewesen, als ich meine Lampe anschaltete. An einem anderen Tag, versuche ich mir zu sagen, werde ich es besser machen, und das Quäntchen Glück, das Waidmannsheil, das wir magisch ersehnen, wird dazukommen. Dann werde ich erfüllten Herzens aus dem grünen oder mondlichtsilbernen Revier heimkehren in das grelle Licht der Stadt.

Schließlich meinte ich, meine Saujäger-Lehrjahre hinter mich gebracht zu haben. Als ich eines langen Sommerabends mit halbem Wind auf der von mir so getauften Sandwegkanzel saß und auf ein Böckchen harrte, das mir beim Durchfahren dort über den Weg gehuscht war, stellte ich fest, dass der Wind an meinem Ansitzplatz regelrecht einen Haken schlug. Um etwa zwanzig Grad von der allgemeinen Windrichtung abweichend, zog er hinein in eine Rückeschneise. Eine fast parallel zu ihr, aber ein wenig sich wegwendende Bahn blieb bereits von jeglicher blauer Rauchschwade frei, sooft ich auch, immer wieder neue Wolken aus meinem Zigarillo paffend (ich bin ansonsten kein Raucher), voller Erstaunen und aufkommender Jägerpläne, die Probe wiederholte. Es ging mir auf, dass ich einen Idealplatz gefunden hatte: Bei allen Windrichtungen von Nord über Ost bis Süd passte dieser Platz. Leise konnte ich auf dem Sandweg heran pirschen, zudem – zum Kirren wie zum (erhofften) Abtransport etwelcher erlegter Sauen – bis an Ort und Stelle fahren. Schließlich ließ sich sogar in einer schmalen Seitenschneise, hinter einem kleinen Buckel, das Fahrzeug abstellen, verborgen und doch unter Beobachtung von der offenen Kanzel aus. So schmiedete ich, weit ins Jagdjahr bis in den Winter vorgreifend und in Schnee- und Mondnächte mich hineinträumend, in der milden Spätjuniabendluft Saujagdpläne.

Da betrat, im schlanken Troll, fuchsrot auf hellgelber Sandbahn, ein geringes Reh die Wegtrasse, eräugte meine überhastig zum Gewehr greifende Handbewegung und erstarrte. Ich brauchte nicht durchs Fernglas zu schauen, so nah war ich am Wild – das ist das Packende an der Waldjagd –, was dort zu mir herauf verhoffte und gleich abspringen würde, war der gesuchte Knopfbock! Ein Wunder, bei dem knappen Rehbestand dort, dass er mir so plangemäß vor die Büchse gezogen kam! Und jetzt hatte ich ihn mir verträumt! Jagen heißt: Wachsein! Entschlossensein! In einer blitzschnellen Bewegung brachte ich die kurze Büchse vors Gesicht, fasste Ziel auf den schon sich abwendenden Weg. Durch das Verhallen des Schusses hörte ich ihn in den von Jungbuchen durchsetzten Kiefernbestand hineinprasseln. So springt kein gesundes Reh ab, es ist nach einigen vom Waldboden dumpf widerhallenden Fluchten verschwunden. Rasch war ich von der Kanzel, fand einige hellrote Blasen von Lungenschweiß, aber auch Panseninhalt im Sand des Weggeleises.

Das Hochwildgeschoss aus diesem Gewehr wirkt auch auf schwaches Wild zuverlässig. Ich musste nicht lange mit dem Nachsuchen warten, tastete mich mühsam Schweißtropfen für Schweißtropfen aufsuchend, in das grüne Gewirr voran. Hier drinnen herrschte schon Dämmerlicht; ich musste mich sputen, den Bock zu finden, auf dass er mir nicht an diesem warmen Abend verhitzte. Schließlich war ich mit dem Nachbuchstabieren der Fährtenzeichen am Ende, begann – weit konnte er doch nicht liegen – in Kreisen zu suchen, bis ich schließlich weder ein noch aus fand! Eratmend schaute ich nach der palmenartig ihre Krone tragende, schräg sich aufschwingende Überhälterkiefer, die ich von meinem Ansitzplatz bewundert hatte. Sie stand gleich am Wegesrand. Das über ihr am resedablau-grünen Sommerabendhimmel dahinschwebende Gewölk zeigte erste orangefarbene Ränder. Ich musste mich jetzt sehr beeilen, würde mich zu dieser Kiefer hinauszwängen, dann vom Anschuss neu die Suche beginnen. Noch drei Schritte tat ich, da fiel ich über den Bock. Im Verenden hatte er eine letzte kreisbogenförmige Volte gemacht und lag viel näher an Weg und Anschuss, als ich vermeint hatte. Das Zehnkiloreh an einem Hinterlauf packend, würgte ich mich durch den Jungwuchs. Dann beschloss ich, meine Kirrplatzpläne sogleich in der Weise zu beginnen, dass ich auf der ausgewählten, vom Wind vermiedenen Schneise den Bock aufbrach und das Gescheide als erstes Kirrgut für Sau und Fuchs einscharrte. In den nächsten Tagen schaffte ich Holzklötze heran, unter denen ich meine Maisgaben auslegte, auf dass nicht Kolkraben, Eichelhäher, Ringeltauben, Kleiber, Amseln und andere erdenkliche Saukirrungsprofiteure mir allzu viel vom Schweinegold entwenden würden.

Viel Druckerschwärze ist geflossen für Fachartikel über das Ankirren von Schwarzwild. Die Quintessenz lässt sich in wenigen Ratschlägen zusammen fassen: Pausenlos muss gekirrt werden. Denn regelrecht verärgert reagieren die schwarzen Gesellen, wenn die erwartete Futtergabe mehr als zwei Tage ausbleibt. Dann richten sie sich auf andere nächtliche Wege ein. Und noch ein zweiter Grundsatz gilt: Steht einmal der Wind falsch, so macht es keinen Sinn, dass der unermüdliche Waidmann sich in seiner Überpassion hinhockt und hofft, die Sauen könnten doch kommen. Den regelmäßigen Ansitzplatz dem Wild verraten durch von falscher Hoffnung gesteuertes Sichhinsetzen bei Rückenwind oder durch sofortiges Licht- und Lärmmachen nach einem Schuss stellen Grundfehler waidgerechter und erfolgversprechender Jagd dar.

Weitere Fässchen an Druckerschwärze sind sodann über die Frage verwendet worden, ob denn die Saujagd an der Kirrung überhaupt waidgerecht sei. Stumpfes Hinsitzen am Futter, mehr sei das kaum, schreiben einige. Ich teile dieses Urteil nicht – ganz abgesehen davon, dass zur wirkungsvollen Schwarzwildjagd das Erlegen an den Kirrungen gehört und dass eine Reduzierung der Schwarzwildbestände Jahr für Jahr gefordert wird, nachdem der explodierende Maisanbau in vielen Landesteilen das Wachstum der Saubestände fördert. Für mich liegt der Reiz der Kirrungsjagd am eigenständigen Finden und Herrichten des Kirrplatzes, am Abfährten und sich daraus ergebenden hoffnungsvollen Vorausplanen der Nächte in der Phase der Mondlichte und dann an dem atemanhaltenden Hinauslauschen in die Nacht, wenn erstes Trappeln oder Aufquietschen der Frischlinge die Rotte angekündigt, schließlich am heißen Schock, wenn sich die vom Mondlicht sanft erhellte oder von der Schneelichte matt widerstrahlende Waldschneise schlagartig mit schwarzen Gestalten füllt, am Heraustüfteln des geeigneten, möglichst eines geringen Stückes aus den hin und her huschenden Schwarzkitteln, am mühsam, manchmal mit tränendem Zielauge, zusammengeschauten Schuss und schließlich an der Heimkehr zu Licht und Wärme, nachdem die Beute aufgebrochen, gewogen, ausgewaschen und – protokolliert in der Kühlkammer hängt.

Mein neuer Kirrplatz lag jagd- und wildgerecht: Bald waren die Stubben umgekegelt, und eines Spätsommerabends genoss – und fotografierte – ich den Auftritt einer Überläuferbache mit ihren fünf quirligen gestreiften Frischlingen bei der Fraßaufnahme.

Im Kreise der Jagdfreunde berichtete ich über meinen neuen Jagdbezirk und nicht ohne Stolz, dass ich mir einen nahezu perfekten Kirrplatz angelegt hätte. »Wart nur ab!«, hieß es, »wenn die Rotte das erste Mal bejagt worden ist, wird sie nicht mehr so regelmäßig kommen!«

Die Frischlinge waren noch recht gering gewesen; vor dem Oktobermond, sagte ich mir, würden sie keine rechte Beute abgeben. Und Sauen abzuschießen, nur um der Bestandseindämmung willen, war dort nicht erforderlich, würde mir auch kein glückseliges Jagen bedeuten. So viel Schwarzwild gab es in der Region denn auch nicht, und im Wald tut es ohnehin keinen Schaden. Wenn ich hier und dort in der hartvergrasten Kiefernheide laubgrün eine junge Eiche aufsprießen sehe, ist mir das ein Zeichen, dass die Sauen, nicht nur Eichelhäher und Eichhörnchen, es waren, die sich hier als Forstwirte betätigt haben, wie es den natürlichen Gesetzen des Ökosystems entspricht.

Ende Oktober, gegen Vollmond, standen die größeren meiner das Kirrgut verbergenden Klötze immer noch unangerührt aufrecht, nur ein kleinerer war des Öfteren zur Seite gekippt. Ich hatte mir eine Wilduhr besorgt und klemmte sie mithilfe einer Astgabel neben den hell leuchtenden Kiefernklotz. Bereits um ein Viertel nach sieben Uhr sei die Sau da gewesen, bekundete das neu angeschaffte technische Jägerhilfsmittel. Womöglich kam hier ein einzelner Frischling, der sich der

K.P. Reif

großen, schweren Klötze nicht bemächtigte? Ein Cousin war zu Besuch, ich verhieß ihm einen erfolgreichen Sauansitz! Nebeneinander hockten wir also auf der Leiter, hatten unsere Freude an der herbstmilden Wetterlage und am guten Wind, der von der Schneise herauf uns ins Gesicht zog. Von links herab durchquerte der Sandweg die Einstandsdickung. Wild, das aus dieser Dickung heraus wechselte, würde den Weg queren, bevor es auf der Rückeschneise auftauchte, die mir als Kirrplatz diente. Es begann zu dämmern, sacht verloschen die Farben des Waldes. Die magische Stunde des Wildwechsels hob an. Der Cousin hatte schon zweimal seine gewichtige Doppelbüchse zur Probe in Anschlag genommen und durch das mächtige Zielfernrohr zu den Holzklötzen hinüber visiert. Er war um einiges älter als ich, sah am Tage ausgezeichnet, aber sein Dämmerungssehvermögen schien nachgelassen zu haben. Denn er raunte mir zu, der ich das Licht als noch recht passabel empfand: »Bald wird's Nacht!« Da ich ihm sehr Schuss und Beute vergönnte, wandte ich an den Heiligen, der sein Namenspatron war, nämlich den Hubertus, er möge die Sauen an diesem Abend ein wenig früher aus dem Tagesschlaf wecken. Immerhin, dieses Stoßgebet hatte eine gewisse reale Chance: In der Nacht zuvor und bis in den Mittag hinein hatte es geregnet. Nach solchen Langzeit-Regenphasen kommen die Sauen häufig früher. Dann es hält sie im durchfeuchteten Kessel nicht lange. Die vom Wild – wie vom Jäger – erwünschte Abendruhe tritt an Regentagen zudem früh ein, denn welcher Spaziergänger oder Jogger hat schon Lust, durch Dunst und Matsch in die Dämmerung hineinzustapfen?

Mit einem Mal huschte ein Stück Wild über den Sandweg, nur ein braungrauer Streifer war es, den ich wahrnahm. Auch der Cousin hatte aus den Augenwinkeln – er saß rechts von mir, damit er den rechten Arm zum sicheren Schießen auflegen könne – die Bewegung erspäht. Er schob nun, in schon vorgeübter Handhabung, den edlen ledernen Gewehrriemen unterlegend, ganz behutsam und geräuschlos die Büchse in Richtung Holzklötze über die Brüstung. Da flitzte ein Hase auf die Schneise, wendete in scharfer Kurve auf dem Kirrplatz und machte sich sogleich daran, unter dem hellen Klotz das Schweinegold herauszuscharren – wie in neujagdsprachlichem Ausdruck der Mais bezeichnet wird. Waldboden und Holzhäcksel flogen nur so, und alsbald kippte der Holzklotz. Lampe schien diese Prozedur vielfach geübt zu haben, wich mit einer Volte dem fallenden Holz aus und mümmelte sodann aus der frei gewordenen Mulde mit großem Appetit seine Abendmahlzeit. »Deine Sau is a Has'!«, flüsterte der Cousin mir zu. Er lachte übers ganze Gesicht dabei, schien nicht einen Augenblick lang enttäuscht, sondern genoss sichtlich das kuriose Erlebnis.

Mir aber wurde klar: Dieser Hase würde mich weiterhin Abend für Abend bestehlen und den später des Nachts anwechselnden Sauen kaum ein Korn vom goldgelben Lockfutter übrig lassen. So animierte ich meinen Cousin, mit einem sauberen Kugelschuss den Hasen für sein konzeptwidriges Handeln zu bestrafen. Aber eine 9,3 für einen Hasen, das ging dem lieben Gast denn doch zu weit. So wurde es wirklich Nacht und wir strebten beutelos, aber vergnügt plaudernd heimwärts.

Der Cousin gelangte tatsächlich nicht auf eine Sau zu Schuss, erbeutete aber auf anderen Ständen die ersten Stücke Damwild seines langen Jägerlebens – und keiner von uns ahnte, dass es sein letztes Wild, seine letzten Jagdtage sein würden … .

Ich aber kam nach der Abreise des Gastes mit dem Drilling wieder und beförderte mit einem peitschenden Schuss aus dem Magnum-Einstecklauf den diebischen Hasen dahin, wohin er gehörte, nämlich in den Brattiegel. – Hasenaufbruch und Hasenbalg blieben als Kirrung für Sauen und Füchse an Ort und Stelle liegen, und ich verbarg auch weiterhin bei meinen Waldfahrten einige Handvoll Mais unter den Klötzen.

Ende November warf es aus ersten dichten winterlichen Schauern eine feine Schneedecke. Schon tagelang hatten die Klötze des Morgens auf der Seite gelegen, aber der Mond zeigte noch nicht einmal die halbe Scheibe. Jetzt aber würde mir die Schneelichte zu Hilfe kommen. Skeptisch war ich, ob am ersten Abend nach dem plötzlichen Weißwerden des Waldes die Sauen aus der Finsternis ihrer Einstandsdickungen herzuwechseln würden. So ließ ich die erste weiße Nacht des Winters aus. In der Tat standen meine Kirrklötze am anderen Morgen aufrecht in der vom feinen Flaumschnee bedeckten Schneise. Mein kritischer Blick aber bemerkte, dass erneut eine Hasenspur sie umkreiste. Ich kirrte nach, eingedenk dessen, dass sich über Tag die Waldmäuse ihren nicht unerheblichen Teil am von Menschenhand ausgelegten Futter holen würden, und rückte am Abend beizeiten an.

Wenn ich in den Jagdzeitschriften Artikel für und wider das Kirren lese und darin enthaltene Hinweise, welch einen schädlichen Eingriff in den Naturkreislauf es bedeute, mit angeblichen Unmassen von Futter die Sauenbestände durch die Winterzeiten zu füttern, so frage ich mich, ob die Artikelverfasser ebenso eifrig beim Kirren waren wie beim Beschreiben vieler Seiten geduldigen Papiers. Jedenfalls: Würden sie dort abfährten und abspüren, wo ich jage, so wüssten sie, dass Hauptnutznießer der Kirrungen die Waldmäuse, die Dachse, sogar Füchse, aber auch Hasen, Eichhörnchen und allerlei gefiederte Gäste von den Kolkraben bis zu den Eichelhähern, zu Ringeltauben, zu Amseln, Meisen, Kleibern sind. Mehr als einmal habe ich den großen schwarzen Raben beobachtet, wie er, noch in tiefer Dämmerung, geschickt auch schwerere Holzklötze aus der Balance bringt, indem er auf ihnen aufblockt und sie schwingenrudernd aufschaukelt, bis sie umkippen. Nicht mehr als die Hälfte, eher weniger von meinem sehr regelmäßig, aber sparsam ausgelegten Mais landet in den Mägen der Sauen.

Um die von mir neu entdeckte Art des Jagens an der Kirrung traditionsgerecht zu begehen – und auch nicht ohne einen Nebengedanken an den wiederauferstandenen Hasen – nahm ich erneut des Vaters alten, aber mit einem recht neuen Zeiss-Glas versehenen Drilling mit auf den Ansitz. Um einen Frischling zu erlegen, der kaum mehr wog als ein starkes Herbstreh, würde die 6,5 x 57 R ausreichen. Und falls ein Fuchs käme, so könnte ich mit einem rasch hinzuwerfenden Schuss aus dem Schrotlauf seiner womöglich habhaft werden. Immerhin hatte auch Reineke sich gespürt, und zwar exakt an der Stelle, an der ich das Hasengescheide, eingerollt in den Balg, verscharrt hatte. Nichts ist befreiender als solche das Jagen vorbereitende, von Jägerfantasien geschürte Vorfreude!

Schon als ich auf dem Sandweg kanzelwärts pirschte, stachen einzelne harte Schneeflocken mir ins Gesicht, und kaum dass ich mich auf dem nach allen Seiten offenen Sitz eingerichtet hatte, trieb der Wind im Winterwalde in dichten Schleiern neuen Schnee. Das Kanzeldach schützte Brille, Jagdglas und Zielfernrohr vor der Flockenherde. Empfindlich kalt war es auch nicht, wie meist unter fallendem Schnee. So ließ ich es ruhig schneien, schaute wie geborgen durch eine schützende Gardine in die Waldlandschaft, dieweil ich mein Abendbrot verspeiste. Mehr und mehr verschwammen, weiß in watteweiß, die Konturen und die Augen hatten Mühe, den Schneisensaum überhaupt noch herauszufiltern und im Blick zu halten.

Wie oft bei bedecktem Himmel oder gar Niederschlag kamen die Sauen rasch und vertraut. Hier und da zeichnete sich plötzlich ein grauer Fleck im Winterwaldweiß ab. Ich hob das Glas und buchstabierte fünf Frischlinge zusammen, denen die Bache zu fehlen schien. Sie mochte bei der Maiserntejagd im nahen Feld gefallen sein; vielleicht war sie auch rauschig und mit einem Keiler um die Wege, sodass ihre Sprösslinge sich allein und frühzeitig auf die Suche nach Frass begeben hatten. Ich zögerte jedenfalls nicht lange, allzu rasch kann der Wind küseln und mit einem Wuff sind dann die schwarzen Gesellen auf Nimmerwiedersehen, jedenfalls für diese Nacht, verschwunden. Es war nicht leicht, einen der hin und her quirlenden Schatten im Zielfernrohrrund zu halten. Im rinnenden Schnee verschwamm mir das Bild immer wieder grau in grau. Ich schob das Gewehr auf die Brüstung, drehte, angestrengt visierend, am Vergrößerungsring. Endlich, bei kleiner Vergrößerung, wurde das Bild heller, wurden die Umrisse klarer und es gelang mir, eine der dürrlaubfarbenen Sauen im Glas zu halten. Augenblicke später peitschte der Schuss hinaus. Die 6,5 knallt zwar nicht sehr, auch ist ihr Rückstoß kaum spürbar. Aber sogar aus dem langen, tief liegenden Drillingslauf erzeugt sie einen kräftigen Mündungsfeuerstrahl, der in dieser Nacht vom fallenden Schneevorhang zurückgestrahlt wurde. Geblendet setzte ich ab, lud nach und suchte durchs Fernglas nach einer dunklen länglichen Silhouette neben den Kirrklötzen.

Just in diesem Augenblick, als hätte der aus dem Lauf fahrende Druck der Pulvergase den Schneefall gestoppt, hielt das Flockengestüber inne. Weiß wie ein frisches Tischtuch lag die Schneise da, nur schwach hoben sich die von den Schweinchen umgerissenen, halb im Neuschnee versackten Holzklötze ab. Ich stieg nach einigem Verharren von der Leiter, schaltete die Taschenlampe ein, schritt erwartungsfroh zum längsten mittig auf der Schneise liegenden Holz hinüber. Dort, ich hatte es mir genau gemerkt, musste der Anschuss sein! Jeden noch so feinen Tropfen frischen roten Schweißes würde ich im gleißenden, von abertausend blitzenden Schneekristallen widergespiegelten Lampenschein entdecken können. Aber ich fand nur einen sich ein wenig aufspreizenden Riss jenseits der Klötze im Schnee; dort musste die Kugel eingeschlagen sein. Ein Fehlschuss auf diese Hasenentfernung? Ich hatte die aus Altbeständen stammende wirkungsvolle Patrone mit dem 10 Gramm schweren Hohlspitzgeschoss verwendet. Damit schossen andere Jägerleut ihre Hirsche. Sie musste doch einen geringen Frischling zur Strecke liefern! Schließlich ging ich in meiner eigenen Spur zurück, ob ich nicht den Anschuss im ersten Eifer überlaufen und vielleicht mit meinen Sohlen eine Schweißflocke freigetreten hätte. Aber auch dieser Versuch blieb vergeblich. Eine Zeit lang suchte ich noch, immer weitere Kreise ziehend. Dann holte ich meinen Maiseimer, kirrte nach und schob resigniert im knurpsenden Schnee davon.

Der folgende Tag sah mich auf dem nahe gelegenen Schießstand. Dort gab es eine 50-Meter-Bahn für das Erproben von Flintenlaufgeschossen und zum Üben des Über-Kimme-und-Korn-Schießens. Vor diese Bahn rückte ich mir einen Stuhl zurecht und visierte kurz und bündig zur Zielscheibe hinüber. Durchs Zielfernrohr sah ich die Kugel im Inneren des weißen Scheibenspiegels einschlagen: zehn, Zentrum – am Gewehr lag der Fehlschuss also nicht. Auf der Rückfahrt fegte ich, eine lange Schneefahne hinter meinem Fahrzeug herziehend, noch zum Kirrplatz. Dort verteilte ich eine erneute Maisration und eilte dann an meinen Arbeitsplatz zurück.

Unter goldenem Mondenschein rückte ich einige Tage später mit Glas, Drilling und Ansitzoverall wieder aus, schlich mich in sanftem Ausschreiten der Kanzel zu, hüllte mich dort oben in eine Decke, saß dann, wenige Augenblicke nachdem ich gekommen war, regungslos unter den herabschwingenden Fichtenzweigen da. Nicht lange brauchte ich auszuharren, bis sich wieder die Schneise mit koboldhaft umherflitzenden Sauen füllte. Ich musterte sie durchs Fernglas: Frischlinge, alle gleich groß oder – besser gesagt – gleich gering. Sollte ich überhaupt schießen? Aber Frischlinge ohne Bache, bereits jetzt, zu Beginn des Winters – was sollte aus ihnen werden? Als Faustregel, ob ein Frischling bereits eine halbwegs jagdgerechte Beute darstellt, gilt: Wenn die Wutz in etwa die Stärke eines ausgewachsenen Rehs hat, darf man den

Finger krumm machen. Und dieser Faustregelgröße entsprachen die vor mir eifrig auf der Schneise hin und her wuselnden Schwarzkittelchen. So schob ich behutsam, das Laufbündel mit der linken Hand führend, damit kein verräterisches Anstoßgeräusch des Gewehrstahls oder Aufknarren des Riemens mir den Jagderfolg in letzter Sekunde verderbe, den Drilling über das Brüstungsquerholz. Heute, da sich von der mondgolden glänzenden Schneedecke die Frischlinge konturscharf abhoben, gab es kein langes Zielen. Das Mündungsfeuer blitzte auf, nach allen Seiten stob das Wild davon. Schnee plumpste vom herabhängenden Mantel der Fichtenzweige am Schneisenrand. Noch eine Weile verharrte ich im Anschlag, den Finger hinterm Abzug, lauernd, ob ich etwa auf einen Nachzügler der abwechselnden Rotte ein Flintenlaufgeschoss versenden könnte.

Ohnehin ist ja angesagt, nach einem Schuss im Dämmern oder Dunkeln ein wenig regungslos sitzen zu bleiben. Denn oft verhofft das Wild in der Nähe, die Rotte, das Rudel wartet auf Nachzügler, der Schuss allein wird vom Tierinstinkt bei Weitem nicht immer mit der Nähe von Mensch und Gefahr in Verbindung gebracht. Wer in winterlicher Nacht des Öfteren draußen gesessen hat, kennt das Knallen vom Frost abgesprengter Äste, das Brechen des Eises unter anziehender Kälte auf den Wegpfützen, den Waldtümpeln und den in der Feldmark liegenden Teichen. Gerade die sternenklaren Kaltnächte sind durchaus nicht lautlos. Warum also sich als Jäger verraten, indem man sogleich nach dem Schuss mit allerlei Getöse oder, so man zu zweit ist, mit weithallenden Waidmannheilwünschen abbaumt? – Schließlich, als sich nichts mehr rühren wollte, setzte ich ab, schaute durchs Glas. Wiederum kein brauner erfreulicher Hügel neben den auf der Seite liegenden Holzklötzen!

Ich entstieg der Kanzel, hängte Sack und Pack in die Leitersprossen und schritt durch den knurpsenden Schnee zum vermeintlichen Anschuss hinüber. 62 Schritte zählte ich bis dorthin. Nichts, nicht ein einziger Tropfen Schweiß verriet, dass ich getroffen hatte. Schließlich nahm ich die Taschenlampe zu Hilfe. Im runden gelben Lichtkegel fand ich den Kugeleinschlag vom vorausgegangenen Fehlschlag, wenige Handbreit daneben einen weiteren, der ein wenig weiter aufgefächert schien. Ich leuchtete, tief gebeugt, den Kugelriss aus. Da lag ein bräunliches Etwas in den Schneekristallen. Vielleicht war es nur ein Holzsplitter, den die einschlagende Kugel emporgewirbelt hatte? Ich prüfte den Gegenstand, nachdem ich ihn aufgenommen hatte, von allen Seiten. Nicht mehr Substanz als eine millimeterfeine Scheibe, die man von einem Stückchen braunen Zucker abgeschnitten hätte, hielt ich zwischen den Fingern. Aber: die Substanz war weich, gab ein wenig bräunlich rote Flüssigkeit ab und erwies sich schließlich als ein flacher Knochensplitter! Ich suchte im Kreis, leuchtete beidseits unter die herabschwingenden, schneebelasteten Fichtenzweige. Darunter lag nur hin und wieder ein Placken Schnee. Jede nadelbraune Erdscholle täuschte mir die ersehnte Sau vor, aber ich fand sie nicht, nicht einen Tropfen Schweiß, nicht eine einzige Sauborste. Enttäuscht stapfte ich wagenwärts. Es war kalt, die Sau, zumal es ein geringes Stück war, würde nicht verhitzen. Andern Morgens, bei Licht, würde ich nachsuchen.

Schon vor Sonnenaufgang stand ich in der Schneise, telefonierte in alle Richtungen nach einem Hund. Aber es war ein Montagmorgen, niemand fand sich, mir kurzfristig zu helfen. So beschloss ich, Kreise um den vermeintlichen Anschuss zu ziehen, viel weitgreifender als am Vorabend. Ich würde nicht aufgeben! Da der Frischling mit dem Haupt zur linken Schneiseflanke hin gestanden hatte und die Rotte auch dorthin abgeflüchtet war, begann ich mit dem Kreisen linksseitig. Hier und dort war, wic aus eines Sämannes Hand fein und breitwürfig ins Unterholz gestreut, Schnee von den Fichten gefallen; sonst wies nichts darauf hin, dass hier am Vorabend Wild in voller Flucht hindurchgestiebt war. Aber nicht einen Tropfen Schweiß entdeckte ich. Es half auch nicht, dass ich immer wieder die Weißlichtlampe im Düstern des dichten Bestandes zu Hilfe nahm.

Schließlich wandte ich mich der rechten Schneisenflanke zu. Immerhin berichtet die Jagdliteratur, dass die vom Schützen wahrgenommene abflüchtende Sau nicht diejenige sein muss, die er auch beschossen hat. Denn die Blendung durch das Mündungsfeuer – und das Jagdfieber – befördern Fehleinschätzungen der Fluchtrichtung. Deshalb ist es, wo möglich, durchaus angeraten, zu zweit zum Sauenansitz auszurücken, – ganz zu schweigen von der Bergehilfe, die dem wackeren Schützen nach gehabtem Waidmannsheil sehr zupasskommen wird. Also: ich ließ mir auch rechtsseits der Schneise den von den Randzweigen rutschenden Schnee kühl in den Nacken rieseln. Dann war ich auch dort ins Dunkel des Fichtenholzes eingetaucht. Mein Blick fiel auf einen speerspitzengleich aufragenden dürren Unterast einer Fichte. Die Bruchstelle war wachsgelb, vermutlich also ganz frisch. Und von einem nur handtellergroßen Schneeplacken darunter leuchtete es mir rot entgegen, Schweiß, endlich! Ich untersuchte die Stelle. Die Sau musste gegen den Fuß der Fichte geprallt sein, denn ringsum lag kirschroter Schweiß auf der zimtbraunen Nadelstreu. Weiter links, parallel zur Schneise, sah ich noch mehr Rot auf einzelnen Schneeflecken. Dorthin war also das Stück Schwarzwild weitergeflüchtet. Etliche Meter konnte ich die Fährte halten. Sie führte spitz von der Kanzel weg parallel zur Schneise in die Tiefe des Waldes. Dann war es zu Ende mit den roten Tropfen und Spritzern. Ich buchstabierte hin und her, nahm wiederum die Lampe zu Hilfe. Schließlich ging ich auf die Knie, schaute mit dem Fernglas unter den Fichten hindurch.

Schon mehr als einmal hatte mir diese Taktik geholfen, dem Auge das Unterholznetz aus Kräutern, Dürrholz, Zweigen und Stubben zu entwirren. Halblinks schimmerte weiß die bogenförmig von mir weg führende Schneise, und dort, vor dem Weiß des Schnees, war er, der kleine runde Hügel, der so anders anmutete als all die spitzen Holzspieße, kubischen Stümpfe und Wurzelwerke! Prassend bahnte ich mir einen Weg dorthin. Fast am Schneisenrand lag die Sau; ich war am Abend wenige Meter an ihr vorbeigelaufen; meine Augen hatten, geblendet durch das vom künstlichen Licht der Lampe erleuchtete Weiß des kristallenen Schneeteppichs die Dürrlaubtöne der Frischlingsschwarte aus all den Brauntönen des Unterholzgewirrs nicht herausgefiltert. Eratmend, das Kreuz im Michaufrichten durchdrückend, trat ich heran. Die Sau war auf die Einschussseite gestürzt; auf der Schwarte über dem mir zugewandten Ausschuss, lag die untere Hälfte des von der Kugel zerschlagenen Schweineherzens.

Mit wenigen Griffen schaffte ich meine Beute auf die Schneedecke der Schneise. Sodann, nachdem ich meinen kleinen, stets in einer der vielen Taschen des Lodenmantels harrenden Bergegriff eingehängt hatte, war leichtes Ziehen über die blanke Schneedecke herab zum Weg. Achtzehn Kilo zeigte die Skala am Wiegebalken, als ich meine Beute nach dem Aufbrechen unter dem Klirren der Flaschenzugkette an der alten Waage hinter der Försterei heraufzog. Jetzt, da ich diese Zeilen niederschreibe, kann ich mit einem Glücksgefühl des Erfolges vor meinem geistigen Ohr – das er neben dem viel zitierten geistigen Auge auch gibt – dieses metallische Geräusch vernehmen. Es bedeutet jedes Mal wieder neu: Du hast es geschafft, ein Stück Wild zu erbeuten und sein Wildbret ordnungsgemäß zu bergen! Wiederum ist dir ein Stück des Waidwerks, des jägerischen Handwerks, gelungen!

Viele Male habe ich darüber gegrübelt, ich hätte nach dem ersten Schuss, einige Tage zuvor, ebenso nachdrücklich nachsuchen müssen. Nachdem die Sauen in den nächsten Tagen nach der erfolgreichen Nachsuche diesen Kirrplatz nicht annahmen, konnte ich mit einer umgreifenden Nachschau nichts verderben. Auch wenn ich nur noch eine verluderte Sau hätte finden können, so wollte ich doch gern den Fall aufklären. Aber so engmaschig und so weitschweifend ich meine Kreise auch zog – ich fand keinen Hinweis auf ein weiteres getroffenes Stück. Der erste Schuss am neuen Platz ließ sich also nicht mehr aufklären. Allerdings wissen wir inzwischen aus der Wildbesenderung, die zu Forschungszwecken erfolgt, dass ein verendetes Stück nach wenigen Tagen, sogar einschließlich des Geweihes, von den vielen Profitgängern eines Wildfalles aufgefressen, zerfetzt, zersetzt, verschleppt wird, sodass, nachdem das Sendersignal tagelang seinen Ausgangspunkt nicht verändert hat und der zuständige Jäger deshalb schließlich Nachschau hält, sich nichts mehr findet als die Metall- und Plastikelemente, die noch vor wenigen Tagen um den Hals eines durch Feld und Forst ziehenden Stückes Schalenwild gehangen haben.

Meine Sauenschneise am Sandweg hatte sich jedenfalls bewährt. Vielerlei Wild habe ich von der Leiter in Anblick bekommen. Ganz nah zog es häufig vorüber, sodass ich des Fernglases zum Ansprechen nicht bedurfte, hinein in die im Windschatten liegende, den Tierinstinkten Geborgenheit zwischen den Fichtenwänden vermittelnde Schneise. Um die Sauen zu zählen, die ich in packenden Spätdämmerstunden und in Mondnächten dort geschossen habe, reichen die Finger meiner beiden Hände inzwischen nicht mehr aus.

Eine Nacht erinnere ich, in der die Sauen so dicht unter der Kanzel anwechselten, – sie hatten sich nur durch einen Knacker angekündigt, – dass ich die Nase voll packender süßherber Schwarzwildwitterung hatte. Nach einigen Minuten, in denen ich regungslos saß, verzog sich der verheißungsvolle Duft; erst eine Viertelstunde später huschte es Schwarz im Nachtgrau über den matt aufschimmernden Sandweg, und Augenblicke später fiel mein Schuss auf einen der Schwarzkittel in die Schneise hinein. Zur Freude über die im wildnahen Erleben gewonnene Beute kam stets hinzu, dass ich selbst diesen Platz gefunden und durch allerlei Hin-und-her-Rücken der Kanzel, Ausasten der Randzweige und Herankarren gewichtiger Holzklötze selbst gestaltet hatte.

Häufiger gab ich mich der Hoffnung hin, am Morgen, wenn die Sauen auf dem Rückwechsel vom Feld in die Tiefe des Waldes sein mochten, könnte ich sie auf der Schneise oder auf dem Sandweg abpassen. Vielleicht, so hoffte ich, machten sie auch noch einmal Station an der Kirrung. Aber dieser letztere Wunsch bewahrheitete sich niemals. Offensichtlich ist das Schwarzwild sehr gut in der Lage zu beurteilen, dass eine des Abends abgeräumte Kirrung erst am anderen Tage wieder beschickt werden wird. Aber ich entdeckte bei meinen Frühansitzen einen weiteren Vorzug dieses Platzes – neben der jagdstrategisch hervorragenden Möglichkeit, leise auf dem Sand des Weges herzuzupirschen und auch wieder davonzuschleichen, und neben der Möglichkeit, erlegtes Wild ohne viel Schlepperei mit dem Fahrzeug abtransportieren zu können: So wie der heraufziehende Mond des Abends in die Schneise hineinschien, fielen an Herbstmorgen goldorange vom Osten her die Strahlen der aufgehenden Sonne dort hinein.

Eine Durchläuterung hat inzwischen das Fichtenholz rechts der Schneise ein wenig gelichtet, und so kann man bei Tageslicht auch dort hineinschauen. Eines Novembermorgens fielen mir, der ich im allerfrühesten Graudämmern gekommen war, unter den ersten blendenden, zugleich nach der schon leicht frostiger Nacht wohlig wärmenden Strahlen die Augen zu. Ich hatte die Büchse weggelehnt, sodass sie mir im Einnicken nicht aus der Armbeuge rutschen könne, und gab mich, die Nacht war nach irgendwelcher beruflicher Sitzungsangelegenheit kurz und unruhig gewesen, dem entspannenden Einschlummern hin, umsponnen vom Harzduft und wie aus der Ferne wahrnehmbaren Gezirpe der Goldhähnchen und Meisen. Als ich wieder erwachte, gewahrte ich, dass ich eine längere Auszeit genommen hatte, es war nämlich wirklich taghell jetzt und die Sonne stand nicht mehr über der Schneise, sondern hinter dem Streifen hoch aufragender Fichten. Ich erfreute mich des flimmernden Lichteinfalles durch den Filter der Nadelzweige, wie es auf zahlreichen Kalenderblattfotografien in allerlei Variationen dargestellt ist. Ein Nichtjäger, so sann ich, dem man diesen Platz voller Begeisterung zeigte, würde wahrscheinlich den Kopf schütteln. Er würde wohl nur bemerken, an abertausend Plätzen im Wald sehe es genauso aus: ein Fichtenholz, eine Dickung, eine Schneise, ein Sandweg und darüber der Himmel in den Farben, wie sie einen der wenigen klaren Vorwintertage ankündigen. Aber vielleicht wäre dem Durchschnittsbetrachter, der nicht wie wir Jäger bei Wind und Wetter wieder und wieder draußen ist, noch nicht einmal der Hauch von Graurosa und das wie von Malerhand gestaltete Durchschimmern des dahinter liegenden Himmelsblaus aufgefallen?

In dieses dankbare Nachdenken über das Glück des Jagens, über Einsamkeit im tiefen Wald, nur ganz wenige Kilometer von Bundesstraße und Stadtgetriebe entfernt, nahm ich im lichtdurchfluteten Fichtenwald eine helle Bewegung wahr. Sacht hob ich das Fernglas. Es war die widerspiegelnde, vom glatten Winterhaar bedeckte Flanke eines Rehs, die meinen Blick angezogen hatte. Wie ich so durchs Glas schaute und wartete, dass sich das Reh wende und mir ein Blick auf den Spiegel und die Schürze bestätige, dass es eine Ricke sei, kam hinter dem Reh ein zweites hervor. Während ich darauf harrte, dass sich auch dieses, ein geringes Stück, sicher ein Kitz, sich drehe und auf sein Geschlecht sicher ansprechen ließe, nahm ich am Fernglas vorbei rechts von den beiden eine weitere Bewegung wahr. Ich saß, durch Grün von allen Seiten getarnt und mit einer dunklen, herabschwingenden Fichtenwand im Rücken. So musste ich nicht fürchten, vom Wild eräugt zu werden. Zudem erwies sich der Kamineffekt der Schneise auch an diesem Morgen wieder als vorteilhaft: Der sanfte kühle Frühhauch zog mir ins Gesicht. So konnte ich mir mit dem Ansprechen Zeit lassen, wiewohl ich entschlossen war, nicht auf stärkeres Wild zu warten, sondern jedes Reh zu erlegen, wenn es sich anbot, bis der Plan erfüllt war. Denn es gab mehr Rehwild im Wald, als dem Förster lieb war, und deshalb hatte er das Soll, das nach seiner Weisung ein Muss bedeutete, recht hoch geschraubt. Jeder Waldjäger weiß, dass ein Reh im Wald zu sehen ganz etwas anderes ist, als ein Reh dort zu erlegen. Hier und da huschen die winterbraunen Waldgeister einem beim Anfahren über den Weg, queren im zügigen Ziehen die Schneise; so weiß man: sie sind da. Aber bis einmal ein Stück für einen sicheren Schuss parat vor der Büchse steht, vergeht mancher Jagdtag.

Endlich hatte ich herausgetüftelt, dass ich eine Ricke mit zwei geringen Kitzen vor mir hatte, wovon jedenfalls das neben seiner Mutter äsende ein Rickenkitz war. Ich zögerte nun nicht mehr, schob die Büchse durch die grünen Tarnzweige, und als das Stück breit trat, brach der sorgsam gezielte Schuss. Das Kitz tat zwei, drei Fluchten und stürzte hinter ein quer liegendes Stammstück. Die Ricke fuhr herum und ging ab, ohne nur einmal zu verhoffen. Als grauer Husch querte sie den Sandweg. Ich hatte mich dorthin gerichtet in der Meinung, das zweite Kitz würde ihr folgen. Als es aber nicht kam, setzte ich schließlich ab und spekulierte nach rückwärts in den Bestand hinein. Zu meiner Überraschung hatte das zweite Kitz vom Schicksal seines Geschwisters wie von der raschen Abflucht der Mutter, die allerdings kein Dürrholzgeprassel ausgelöst hatte – der Waldboden war herbstfeucht und weich –, nichts wahrgenommen. Unter einem Vorhang von Fichtenzweigen, schon fast hinter mir, machte ich es aus. Endlich drehte es sich einmal breit, und da entdeckte ich auch bei ihm die kleine weißgelbliche Schürze, die das Rickenkitz im Winterhaar ausweist. So stand ich langsam auf, drehte mich herum und visierte über die Rückenlehne der offenen Kanzel das Stück an. Es äste sich, hier und da einen Happen der mageren Waldnahrung aufnehmend, hinter allerlei weihnachtsbaumgroßen Fichten dahin. Endlich fand das hin und her kreisende Fadenkreuz eine handgroße Lücke und der zweite Schuss hallte durch den morgenstillen Wald.

Ich zog die beiden geringen Rehe, – sie brachten später sieben und acht Kilogramm auf die Waage – zur Schneise und vollzog dort die rote Arbeit, auf dass der Schweißgeruch und die Aufbrüche, die ich an Ort und Stelle verscharrte, die Schwarzkittel oder Reineke, den roter Freibeuter, vor die Kanzel locken sollten. Nichts Ungewöhnliches, wird mancher sagen, zwei Rehe zur Planerfüllung an einem Spätherbstmorgen bei noch angenehmem Wetter nahe am Weg geschossen, das kommt mehrtausendfach alljährlich in deutschen Wäldern vor. Das stimmt, aber für mich war dieses Erleben viel mehr: Bestätigung für die geschickte Wahl des selbst gefundenen Platzes und eine bunte Blume im

K.-F. Reif

Strauß der Erinnerungen, die sich mittlerweile um diesen Revierort ranken.

In diesen Wochen war die Vielzahl meiner Abende durch Verpflichtungen gefüllt. Aber der eine oder andere Morgen blieb mir. Ich war gespannt zu sehen, wie meine Kombination aus Kirrung und Luderplatz sich auswirkte. Zudem konnte die Ricke womöglich, trotz des Erlebten, ihren Wechsel halten. Rehe sind unberechenbar, einmal dickköpfig und traditionswahrend, ein andermal hochempfindlich und scheu wie, ja – wie ein Reh, so sagt es der Volksmund. Jedenfalls schob ich mich im Frühdämmern des übernächsten Morgens wieder auf die Leiter am Sandweg, schlummerte wohl auch erneut wieder ein wenig ein und beäugte dann, als es heller Tag war, durch meine zehnfach vergrößernden Fernglaslinsen die Stelle, an der ich die Aufbrüche verscharrt und aus Dürrästen ein Markierungskreuz darüber gepflanzt hatte. Die Markierung war verschwunden, nur ein kleiner braunschwarzer Krater wies den Platz aus, an dem ich angeludert hatte. Dort konnte der Fuchs sich zu schaffen gemacht haben, den ich sommerabends einmal den Sandweg hatte herunterschnüren sehen und dessen runde Brantenspur oftmals in der Fahrspur gestanden hatte. Vielleicht war er noch um die Wege?

Eben angelte ich nach dem Mäusepfeifchen in den Lodenmanteltaschen – mit der Hasenklage Radau im Hochwildbezirk zu machen, scheue ich mich meistens – da füllte sich der Weg mit schweren braunen Wildleibern: Rotwild! So nahe kam es, dass ich des Glases nicht bedurfte. Ich schob die kurze Büchse sacht über die Brüstung, suchte nach einem sich frei stellenden Kalb. Rotwild verharrt nicht lange bei hellem Licht auf dem ebenfalls hellen Untergrund eines – wenn auch selten – befahrenen Weges. Ich musste mich sputen! Zwei, jetzt drei Stücke waren, dicht gedrängt, schon hinüber in die Dickung gezogen, da schob sich ein Geringes vor, stand breit im Heidekrautbeet des Wegrandes. Im schnell zusammengeschauten Schuss tat es eine Volte, wieder zurück auf das Wegbord. Die Trasse hatte dort ein wenig den Charakter eines Hohlweges, ihre Ränder lagen etwa um Kniehöhe über dem Niveau des Fahrgeleises. Wieder ballten sich mehrere Stücke Rotwild auf dem Weg zusammen, standen mitten auf dem Anschuss. Längst hatte ich repetiert, das jetzt nach links Ziehende, das war wieder ein

Kalb. Aber sollte ich, nachdem ich nicht wusste, was mit dem Erstbeschossenen geschehen war, ein zweites Mal den Finger krümmen? Die Chance lockte, denn so häufig kam dort Rotwild nicht vor die Büchse; manches Jahr hatte ich in der für die großen Roten bestimmten Rubrik in meinem Jagdtagebuch keine Eintragung machen können. Noch immer stand das Fadenkreuz auf dem Vorschlag des Kalbes, er war breit und dunkel, fast als sei er ein wenig bemähnt. Das war sicher ein Hirschkalb, zudem deutlich stärker als das zuvor beschossene. So rückte ich die Sicherung ein, wartete zu, bis sich das Rudel verzogen hatte, dann holte ich erst das Fahrzeug. Danach erst ging ich vor zum Anschuss. Allerlei tief eingekerbte Hochwildfährten standen dort, aber es lag nicht ein Tropfen Schweiß! Ratlos schaut ich mich um und – dem gestreckten Wild direkt auf den Wedel. Lang ausgestreckt ruhte es auf dem Wegbord, wie bereitgelegt für die rote Arbeit und den Abtransport! So wie es dalag, ging mir das Aufbrechen leicht von der Hand, und nachdem ich den Aufbruch vor die Kanzel hinuntergetragen und an bewusster Stelle verscharrt hatte, rangierte ich meinen viel geprüften Personenwagen so heran, dass schließlich die Stoßstange gegen die Heidekante wuppte. Der Kofferraum öffnete sich auf gleicher Höhe mit dem transportfertig liegenden Stück, und Augenblicke später rollte ich bereits tief zufrieden in Richtung Zugwaage und Kühlraum davon.

Des Jägers Hoffen und Wägen ist ohne Rast. Wie, dachte ich, würden Fuchs und Sau auf meine neuerliche, diesmal üppigere Kirrgabe reagieren? Im Geiste durchblätterte ich bereits meinen Kalender: Wann begannen die magischen Tage vom aufziehenden Halbmond an, wann würde ich frei sein von anderweitigen Pflichten, um mich nah an Wechsel und Wild hinzuhocken in Nachtnebel, tröpfelndem Regen, Schneeschauer oder gleißender Silbermondhelle, um mich wiederum einfangen zu lassen vom nur mir sich mitteilenden Zauber des so unscheinbaren Platzes am Sandweg?

Der Schonzeitkeiler

In einem himbeerunterwucherten Randfichtenaltholz und auch auf des Nachbarn frisch gepflügtem Feld hart am Waldessaum war ich des Öfteren auf eine einzelne Saufährte gestoßen. Mehrere Fichtenstubben hatte der Schwarzkittel auf der Suche nach Mäusenestern regelrecht ausgegraben. Auf den ersten Blick sahen diese Wahlstätten nächtlicher Suche nach Fraß so aus, als hätte jemand in professioneller Arbeitsweise versucht, die Stubben samt dem darunter sich verästelten Wurzelwerk auszuheben, wie es gelegentlich in Hausgärten geschieht, wenn ein übermächtig herangewachsener Überhälter gefällt werden musste und danach auch seine Wurzel fortgeschafft werden soll. Jedenfalls begann ich, auf einer kleinen dreieckigen Waldwiese die Sau zu kirren, indem ich, wenn der Revierort an meinem Wege lag, jedes Mal einige Handvoll Mais unter einige Holzklötze schüttete, die ich eigens zum Zweck der Herrichtung einer unauffälligen Kirrung mühsam, die Kofferraumklappe meines Wagen offen lassend, herangekarrt hatte. Es dauerte nicht lange, da lagen die Klötze das erste Mal auf der Seite, und die Fährte, nach der ich das Stück auf einen starken Überläufer taxierte, stand daneben im asphaltschwarzen Matsch einer Pfütze. Ich kirrte also fleißig weiter, und so gewöhnten wir – die Sau und ich – uns aneinander. Was mag so ein Wildschwein dazu bewegen, aus der Hand des gleichen Menschen Futtergaben entgegenzunehmen, dessen Witterung auch an den Gefahr verheißenden Hochsitzen und Ansitzhütten steht? Gerade das Schwarzwild, aber auch das Rotwild ist Meister im Umschlagen dieser Ansitzplätze, um zu prüfen, ob im wahrsten Sinne des Wortes die Luft rein ist. Intensiv muss doch dem Mais und der Kirrung überhaupt der wohlbekannte Menschengeruch anhaften!

Wir schrieben April, dann Mai, dann Juni; es herrschte also keinesfalls Notzeit, auch wenn Mais und Hafer draußen in der Feldmark noch nicht reif waren. Dennoch hatte die Kirrstelle allnächtlich Sauenbesuch. Nach den abendlichen Rehbockpirschen im Mai und Juni saß ich mehrmals an der Dreieckswiese, bis die Nacht vollends ihr samtschwarzes Tuch über den Forst breitete, aber ich wurde der Sau nicht ansichtig.

K.-P. Reif

Leider lag die kleine Wiese – eigentlich war es nur eine ein wenig in die Breite geratene Schneise – in Ost-West-Richtung, so dass der Lichtschein von der im Süden gelegenen Metropole Hamburg nicht hineinreflektiert wurde. Nach den Spätansitzen lagen anderntags häufig die schweren Holzklötze umgeworfen da, waren regelrecht fortgestoßen und bis in die Himbeerfelder hineingekegelt. Einmal war gar der zur Dreieckswiese hinführende Weg so aufgebrochen, dass es hässliche Anschleifgeräusche vom Wagenboden her gab, als ich die Kirrung ansteuerte. So wartete ich auf eine der hellen Nächte um Johanni und beschloss, dann einmal durchzusitzen, um die geheimnisvolle Sau zu Gesicht zu bekommen, an die ich inzwischen schon den zweiten Sack Körnermais, wohlgemerkt verteilt auf viele kleine Portionen, verkirrt hatte.

Der Wind passte, der Himmel überzog sich mit jener grauschlierigen Wolkendecke, unter der die Nachtsichtigkeit in unserer großstadtnahen Region besser ist als bei brillantem Sternenglanz aus dann allerdings tintenschwarzem Firmament. Ich war froh, die Winterjacke mitgenommen zu haben, denn eine Stunde nach Sonnenuntergang fiel mit dem Tau auch empfindliche Kälte herein. Fledermäuse wuchtelten, die Waldohreule glitt in lautlosem Flug über die Wiese. Der Verkehr auf der Bundesstraße versiegte. Auch der Hund vom waldrandnah gelegenen Ponyhof gab schließlich seine vergeblich nach Antwort vom fernen Dorf heischenden Belltiraden auf. Es war – das ist selten in unserer zersiedelten Kulturlandschaft und ich nehme es, wenn ich es einmal erlebe, geradezu mit Andacht wahr – einige Minuten lang ganz still. Jetzt, dachte ich, sei die Stunde der Sau, und so war es auch: Ohne dass ich einen Laut vernommen hatte, erschien plötzlich ein kastenförmiger Schatten hinter den Kirrungsklötzen. Lange stand das Stück, dann wandte es sich hin und her. Diesen Augenblick nutzte ich, das Glas vor die Augen zu heben. Tatsächlich, der zauberische Schimmer der Mittsommernacht reichte aus, ohne Mondunterstützung das Wild in seinen Dimensionen zu erfassen. Mich überfiel tiefe Enttäuschung: Die Sau war deutlich stärker als ein durchschnittlicher Überläufer, konnte durchaus ein Dreijähriger sein, der – zu schonen war. Hin und her zog der Schwarzkittel, warf mit urig stöhnenden Lauten die Klötze um und kam mir, immer wieder Fraß aufnehmend, näher und näher. Da packte mich der Versuchsgeist: Wenn ich schon nicht schießen durfte, so wollte ich wenigstens diese Sau ganz genau sehen! Ich langte in die Brusttasche, wo stets die kleine leistungsstarke Taschenlampe steckt, die ich gelegentlich nutze, um bei nächtlichen Gängen zum Ansitz sicher zu sein – vor Stürzen über Äste und Wurzelwerk wie vor etwa von Überpassion befallenen und womöglich jeden nächtlichen Schatten für ein Wildschwein haltenden Waidgenossen. Ich richtete die Lampe aus und schaltete sie dann ein. Schrotschussnah stand das Wild mitten im Lichtkegel vor mir. Zu meinem Erstaunen wurde das Stück nicht etwa nach kurzem überraschtem Aufwerfen flüchtig. Es hob nicht einmal das lange schwere Haupt. Schließlich drapierte ich die Lampe in die das Fernglas haltenden Hände und schaute in aller Ruhe die angeleuchtete Sau in zehnfacher Vergrößerung an. Ja, ein Keiler war's, ich gewahrte die Ansätze der Waffen, aber keiner der ganz dicken.

Diese Sau weiter zu füttern, wenn ich sie doch nicht erlegen durfte, lag mir fern. Ich beschloss, sie von der Kirrung zu vertreiben. Vielleicht fand sich dann in den nächsten Wochen eine Bache mit Frischlingen ein, die alsbald schon das Jagdgewicht haben würden. Ich wünschte also der immer noch voll beleuchteten Sau mit kräftigen Worten einen guten Abend! Daraufhin verschwand sie lautlos in den Himbeeren. Als ich mit Gewehr und Glas, noch geblendet vom Schein der soeben gelöschten Taschenlampe, vom Fuß der Leiter weg wagenzu schritt, blies, nein, knurrte es plötzlich gefährlich neben mir in den Stauden. Mir lief ein kalter Schauer über den Rücken! Wollte die Sau ihre Privatkirrung verteidigen? Um die Spannung zu lösen, stieß ich aus jähem Einfall laut hervor: »Ich habe eine Büchse und du nicht!« Daraufhin war es still, aber ich machte, dass ich zum Wagen kam. Mehrere Monate lang blieb der Platz unberührt, und erst im Herbst, als draußen vor dem großen Forst die Maishäcksler ratterten, stand gelegentlich eine stärkere Schalenwildfährte an der Kirrung.

Der einsame Eichenschänder

In der älteren Jagdliteratur liest man bezaubernde Blattzeitberichte. Da pirscht der wackere Waidmann durch den lichten Hochwald, verhält an einem ebenso gut gedeckten wie Weitsicht gewährenden Schattenplatz, sendet die eine oder andere Litanei schmachtender Fieptöne in den von der Frühsonne goldflimmernden Wald und alsbald stürmt, durch dumpfes Schalendröhnen sich ankündigend, aufleuchtend im smaragdenen Waldgrün, ein hoch gekrönter Bock herbei. Kaum dass der – selbstverständlich den Stutzen in Erwartung solchen Erfolges seiner verlockenden Blattarie bereithaltende – Erzähler in Anschlag gehen und eine rasch gezielte Nahkugel versenden kann.

Wie viele Blattversuche habe ich an heimlichen Plätzen in der Weite der Wiesen und der Kornfelder, an einsamster Stelle in von Heidekraut und Blaubeeren unterwucherten Kieferhölzern unternommen, ohne dass sich dieses Schauspiel ereignete. Allenfalls antwortete mir miauend ein Jungbussard oder aber Markwart, der Eichelhäher, der ebenso aufmerksame wie neugierige Wächter des Waldes, strich von Baum zu Baum heran.

Dass in früheren Tagen das Blatten eher Erfolg versprach, kann nicht verwundern. Zum erfolgreichen Heranblatten bedarf es vor allem eines: eines Bockes, der nicht bereits bei einer Ricke steht und der Herrscher über das von den Fieptönen beschallten Territoriums ist. Jährlinge oder Zweijährige kommen auch aufs Blatten, aber zumeist nicht spontan, sondern den Ursprungsort der verlockenden Töne umschleichend wie der geringe Fuchs, der die Hasenquäke vernommen hat, manchmal erst nach einer Stunde Wartens. – Wer vom ersten Mai fleißig den Böcken nachgestellt und sein Quantum an Mehrjährigen bereits weitgehend geschossen hat, wozu ihn das Gesetz berechtigt, kann nicht erwarten, dass ihm in den Hundstagen Schlag auf Schlag stärkere Böcke springen. In früherer Zeit ging die Bockjagd erst mit dem 1. Juni, mancherorts mit dem 15. Juni auf, und solange die Böcke nicht vollends rot waren, wurden sie ohnehin nicht bejagt. Den Starken galt es ohnehin erst in der Blattzeit. Übrigens verläuft sie dort besonders lebhaft, wo das weibliche Rehwild scharf bejagt wird. So bringen die großen Guts- und Waldreviere, auf denen bei den Drückjagden auf Damwild und Sauen auch die Winterrehe bejagt werden, immer wieder starke und alte Böcke auf die Gehörnschauen. – Ein gewisses Maß an Einsamkeit und Einschichtigkeit zeichnet die Lebensweise eines Bockes aus, der auf die betörenden Töne des Blattjägers springen wird.

An Einsamkeit litt ein Bock, der in eine hoch gezäunte Eichenkultur geraten war. Der Jagdherr hatte ihm einen Namen gegeben: »der Eichenschänder«. Weißleuchtende Fegestellen an den Randbäumchen im Eichengatter hatten den Reviereigentümer in Zorn versetzt. Sie stachen jedem ins Auge, der den Verbindungsweg durch den Wald zu der dem Gut benachbarten Siedlung hinüberfuhr, – und das tat der Gutsherr fast jeden Tag. Jedes Mal erblickte er wenigstens eine Fegestelle mehr; geradezu provokativ schlug sich der Bock am Zaun entlang. Aber niemand kannte den Bock, hatte ihn je im Vorbeifahren erschaut. Mein Auftrag lautete, den Einschlupf des Rehwildes zu finden und abzudichten und den Bock dahin zu befördern, wo er hingehörte, nämlich in den Wildkeller, gleich welches Gehörn er trage und welchen Alters er sei. – Ein solcher Auftrag hat den Vorzug, dass man, wenn man den Finger krumm macht, sich über richtig und falsch und darüber, ob man sich zu viel von der Großzügigkeit des Jagdherrn unter den Nagel reißt, ob man sich allerlei Neid aus dem Kreis der Mitjäger zuziehen wird, keinerlei Gedanken machen muss. Man hat wirklich – freie Büchse!

Das Auto stellte ich fern ab. Der Bock ließ sich nie im Vorbeifahren anschauen. Womöglich hatte er mit Fahrzeugen eine böse Erfahrung gemacht und drückte sich, sobald er Motorengeräusch vernahm. Also tastete ich mich auf leiser Sohle sacht vor, schaute sorgsam in jede Pflanzreihe hinein und verharrte, meinen Gedanken nachhängend, immer wieder.

In einem Revier, in dem ich jahrelang mitjagen durfte, hatte ein Jägerkollege einen ähnlichen Jagdauftrag bekommen. Niemand kannte den Bock, aber die von ihm angerichteten Fegeschäden bewiesen seine Existenz. Der auf den sogenannten Zaunbock Eingeladene ließ sich eine hohe Leiter neben dem Draht aufrichten. Dort oben zu thronen muss ziemlich langweilig gewesen sein. Denn in dem Gatter stockten zu zwei Dritteln, neben etlichen Jungeichen im unteren Teil, die der Unbekannte mit Eifer zusammengeschlagen hatte, für den Verkauf als Weihnachtsbäume ehemals vorgesehen gewesene, dann aber in Vergessenheit geratene und jetzt doppeltmannshohe Nordmanntannen. Der Bock musste ein einschichtiges Dasein in den Tannen führen. Denn wäre es seine Gewohnheit gewesen, in dem grasunterwachsenen Eichenkomplex bei Tageslicht aufzutauchen, so hätte längst der Jagdpächter ihn gestreckt gehabt. Die Tannen standen dicht; es gab nur wenige, nicht einmal rehrumpfbreite Sichtfenster. An jedem freien Abend, wenn der Wind passte, hockte der Gast auf seinem Bretterthron, schaute ins Tannengrün und lauerte dem Unbekannten auf. Die Mitjäger glaubten schon nicht mehr an seinen Erfolg. In dem wenige Hektar großen Gatter, so meinten sie, hätte er des Bockes längst ansichtig werden müssen. Das Fabelwesen müsse einen Ausschlupf gefunden oder wegen der Eintönigkeit der Äsung im Zaun, womöglich auch schlichtweg am Leiden der Einsamkeit, verendet sein. Der Eingeladene aber schwieg sich aus – nachträglich denke ich, er hatte vielleicht den Bock oder zumindest einen wesentlichen Teil von ihm, nämlich das Gehörn, doch einmal zu Gesicht bekommen. Beharrlich ging er seinem Waidwerk nach, auch nachdem ihm angetragen wurde, andernorts einen dort ausgemachten, wenn auch geringeren, aber eben fest bestätigten Bock zu schießen, als Anerkennung sozusagen für seinen unermüdlichen Eifer. Erst in der Blattzeit fuhr er eines Abends beim Jagdherrn vor, und dem hing dann doch der Unterkiefer vor Staunen herunter, nicht vor Neid – Jagdneid kannte er nicht! Was der Gast aus dem Kofferraum hob, überstieg an Gehörn- und Wildbretstärke alles, was das Revier bis dahin hergegeben hatte – und es war schon viele Perioden in gleichen Händen. Zudem war der Bock alt, das Gehörn mit den dicken Stirnzapfen und den wulstenden Dachrosen eine außergewöhnliche Trophäe. Kenner meinten, der Bock habe sich wohl seinerzeit, bei Errichtung des Weihnachtsbaumgatters, mit einzäunen lassen und in behaglicher Ungestörtheit, nur zwischen nächtlicher Äsung und seinem bei Niederschlag und Kälte geschützten Ruhelager pendelnd, gelassen seine Tage gefristet und sich so den breiten Rücken, den dicken Schädel und das schwere Gehörn herangefuttert.

Einem solch Einschichtigen galt also auch mein Auftrag. Solange ich mich auf dem weichen Randgrastreifen des Waldweges bewegte, ließ es

K.P. Reif

sich lautlos pirschen, aber um das Gatter vollends zu umschlagen, musste ich mich durch allerlei Morastlöcher, Brombeerdickichte und eng stehende Haselstauden zwängen. Das Ergebnis dieses Kraftaktes war: Es gab keine undichte Stelle. Die Waldarbeiter hatten den Zaun an kräftige Eichenpfosten genagelt, sie tief eingerammt und auch den Maschendraht selbst armlang in den Boden eingelassen. Das musste in dem unzugänglichen Gelände ein schweres Stück Handarbeit gewesen sein. Es gab eine Menge Sauen dort, aber auch sie hatten es nicht unternommen, den Zaun irgendwo anzuheben, um sich in der Dickung ungestört einzurichten, wie es der Gewohnheit der Schwarzkittel entspricht. Die Eichen waren schon fast mannshoch, tiefer hineinschauen in die grüne Wildnis konnte man vom Erdboden nicht. Es gab keine Blöße, keine Schneise, ich fand nicht einmal einen Platz außerhalb, an dem man hätte einen Leitersitz errichten können, um in eine Schneise des Laubholzkomplexes hineinzublicken. Die Eichenwildnis stand dicht wie eine hellgrüne Wand. Die Dickung war dabei nicht sonderlich groß. Sie hatte die Form eines Handtuches, lang und schmal, war etwa nur eine gute Büchsenschusslänge breit, aber dreimal so lang.

Die Anwürfe des Jagdherrn in meine Richtung, wofür er mich denn einbestellt habe, ließen mich zu folgendem Gewaltakt greifen: Ich hakte das Zielfernrohr vom Drilling ab, lud neben der Kugel in den linken Schrotlauf ein Flintenlaufgeschoss, in den rechten groben Schrot, hängte das Gewehr über einen Zaunpfosten und überkletterte, zu allem bereit, das Gatter. Als ich glücklich drüben stand, nahm ich den Drilling in Halbanschlag und querte sacht, aber mit unvermeidbarem Geräusch die Anpflanzung. Irgendwann würde der Bock hoch werden! Wenn ich seiner dabei nicht gleich auf wenige Meter Schussdistanz habhaft werden sollte, würde ich eine altbewährte Taktik anwenden: Ich würde ihm ein paar Meter nachhetzen, um ihn recht nachdrücklich auf Schwung zu bringen, dann zurück zum Zaun eilen, möglichst geräuschlos, und dort warten, ob er nicht am Gatter entlang ringsherum flüchten und mir in die Mündungen laufen würde. Ich wollte ihn mir selbst zudrücken – was tatsächlich gelingen kann und mir im gleichen Revier wie in einem anderen Revier schon auf diese Weise geglückt war.

Alsbald wurde, in der Mitte der Eichenwildnis, aufrauschend der Bock vor mir hoch. Ich sah nur den Schatten eines Rehes, wandte mich sogleich um, die geplante Taktik in die Tat umzusetzen und in eigener Spur zurückzueilen. Da erscholl aus der Fluchtrichtung ganz jämmerliches Rehklagen. Nie wieder habe ich ein Reh so laut, so lang anhaltend, so angstvoll schreien hören. Ich hastete auf das Geräusch zu durch das Gestrüpp. Mit einem Mal erblickte ich das Haupt und den Hals des Bockes in Mannshöhe durch eine Lücke im Dickicht. Ich ging in Anschlag, fand eine mögliche Schussschneise. Der Bock hatte sich im Hochschnellen zwischen den beiden oberhalb des Maschengeflechtes in mehr als Mannshöhe entlangführenden Drähten verfangen. Im Zurückfallen war der Bock mit den mageren gelb leuchtenden Gehörnstangen hängen geblieben; so baumelte er am Zaun, nach Luft ringend und noch immer unablässig klagend. Es waren etwa vierzig Meter dort hinüber. Ich spannte das Kugelschloss, ging in Anschlag; aber ich zögerte, eine Kugel auf seinen Hals zu versenden. Die Ziellinie verlief aufwärts, das Geschoß konnte noch etliche hundert Meter ins unüberschaubare Gelände weiterzischen und womöglich ein Unheil anrichten! Da fiel der Bock herab! Das Klagen erlosch. Ich bahnte mir gewaltsam einen Weg zu der Stelle, an der er eben gebaumelt hatte wie eine erlegte Gams, die man an den Krucken aufgehängt hat. Er musste sich erdrosselt haben und nun am Zaun liegen! Aber außer ein paar Rehhaaren, die vom oberen Spanndraht im Wind zitterten, wies nichts mehr auf das dramatische Ereignis hin. Auch war kein Geräusch abflüchtender Rehschalen zu vernehmen, und so lange ich noch auf der anderen Zaunseite wartete, an der ich eingestiegen war, sooft ich auch anschließend mich die Pflanzreihen auf und ab arbeitete, der Bock war verschwunden. Schließlich nahm ich an, völlig außer Atem, er habe sich mit der Kraft seiner Läufe auf die andere Zaunseite hinübergearbeitet und sei aus seinem Gefängnis sozusagen herausgeklettert. Einige Tage später aber leuchteten mir wiederum frisch verfegte Eichenheister entgegen; auch der Jagdherr hatte sie bemerkt und sparte nicht mit Seitenhieben. Ich beschloss, bis zur Blattzeit zu warten; es waren nur noch wenige Wochen bis dahin. Dann würde ich direkt am Zaun stehend blatten. So ein einsamer Bock musste doch springen!

Es gab seitwärts des Eichengatters eine Leiter, die eigentlich für Drückjagden auf Damwild errichtet war. Wenn Damwild vor den Durchgehern sich wegmogeln wollte, wechselte es gern in einen tiefen, mit allerlei Kräutern umwucherten Graben, der mit etwas Abstand den Zaun begleitete. In der Grabensohle, hart am Wassersaum, zog dann das Wild hin und her, immer wieder über den Grabenbord sichernd und die Standorte der Treiber und Schützen eruierend. Schließlich brach es zu der ihm weniger gefährlich erscheinenden Flanke hin aus, oder es ließ die aus einer Handvoll Treibern bestehende Menschenreihe nahe herankommen und preschte plötzlich hochflüchtig geradewegs in sie hinein und stracks aus dem Treiben. Ebendies zu verhindern, sich dabei das eine oder andere Stück zu holen und zugleich die Rudel in Bewegung zu halten war Aufgabe des Schützen, der bei den alljährlichen Drückjagden die Damwildleiter zugewiesen bekam. Von der Leiter konnte man zwar nicht in die Eichenkultur hineinsehen, aber gegen den Zaun. Kam der Bock ganz nah am Draht entlang, so würde ich versuchen, durch den grobmaschigen Draht hindurch zu visieren.

Wenige Tage später trieben die Böcke. Eines Spätnachmittags bezog ich die Damwildleiter. Lautlos und bei gutem Wind hatte ich meinen Platz erreicht, zögerte nicht lange, nahm den Stutzen zur Hand, drehte eine kleine Zielfernrohrvergrößerung herein und ließ laut und heftig einige Fieptöne erschallen. Nachdem die erste nur kurze Strophe sich über den Graben hinweg in die Laubholzdickung hinein geschwungen hatte, rauschte es darin auf, ein fuchsrotes Reh fuhr in hastigen flachen Fluchten an den Zaun heran. Eben hatte ich im Rund des Zielfernrohrs zusammengeschaut, dass es ein Bock war, da wandte er sich auch schon wieder in einer heftigen Volte. Der Bock hatte aus seinen Instinkten heraus erkannt: Hier am Zaunesrand, zum hellen Weg hin, konnte kein Schmalreh gefiept haben! Er war getäuscht worden! Der Zielstachel fuhr mit, hinter der zweiten Eiche gab's den Hauch einer Lücke, dort hinein schoss ich auf den schon arg schräg weggewendeten Bock. Er stürzte lang hin, eine Flanke ging, dann versank der Wildkörper. Mühsam war's, mich hinüber zum Gestreckten über den Zaun zu wuchten, dann ihn über die beiden Spanndrähte zu stemmen. Unbeholfen kletterte ich zurück und begann die rote Arbeit. Der Bock war blitzschnell gewesen, es war ein übler Schuss geworden. Das Geschoss hatte die Keule getroffen, dann den Wildkörper schräg nach vorn durchschlagen. Der Revierinhaber nahm es nicht krumm, dass ich den Eichenschänder-Bock als Dreiläufer anlieferte; denn die arg zerschossene Keule – die schwere Kugel mochte vor dem Auftreffen schon den Draht gestreift und sich bereits aufgepilzt haben – hatte ich an Ort und Stelle abgeschärft, um die verwertbaren Reste für den Eigenverbrauch zu Rehgulasch aufzuschneiden.

Von jenem erfolgreichen Blattzeiterlebnis an gab es keine ärgerlichen weiß aufleuchtenden Fegestellen am Zaun mehr. Die Kultur ist inzwischen gelungen herangewachsen und frei gestellt worden. – Der Bock trug knapp lauscherhohe glatte, regelrecht polierte Spieße mit schmalen, eine Gabelung andeutenden Graten. Der abgekochte Schädel und die Stirnzapfen zeigten allerlei Dellen, das Nasenbein war verbogen. Der Kiefer wies den Erlegten eindeutig als Zweijährigen aus. Wahrscheinlich hatte er zwei einsame Jahre in dem kleinen Gehege sein Dasein gefristet, etliche Male den Ausbruch versucht und sich dabei Blessuren an Schädel und Nasenbein zugezogen.

Beim Verheilen solcher Kopfverletzungen, die das Wild nicht belecken kann, entsteht heftiger Juckreiz. Daraus mag sich erklären, dass der Bock mit seinem Gehörnchen so übereifrig eine Vielzahl von Jungeichen demoliert hatte. Auch vorher schon habe ich einen Bock erlebt, der in jede Staude, jeden Busch, ja ins bloße Hochgras hineinschlug und dabei sich unter heftigem Plätzen regelrecht in Zornesausbrüche steigerte. Eines Abends nutzte ich dieses sein Verhalten, mich anzupirschen; jedes Mal, wenn er das Haupt zu erneutem Aggressionsaustoben senkte, kam ich längs einer schütter stehenden Erlenreihe ihm ein paar Schritte näher, bis ich schließlich den letzten Baum erreichte, dort anstreichen und den gerade eine trockene Distelstaude verschlagenden Bock mit einem fernhin gezielten Schuss strecken konnte. Am Erlegten erwies sich dann ein regelrechter, unter Kallusbildung bereits verheilender Schädelbruch. Über der Stirn unter den Rosen glänzte eine lederglatte Stelle in der Decke, das Gehörn hatte sich abnorm verzweigt und war vielfältig grob geperlt.

Der einsame Eichenschänder aber war mir weniger wegen besonderer Künste des Musizieren auf dem Rehlocker oder beim Pirschen zur Beute geworden, als wegen meiner Bereitschaft zum schnell entschlossenen Schuss auf kurze Distanz nach wohlerdachtem Jagdplan. Beides gehört zur Blattjagd in den Hundstagen des August.

Am heimlichen Hirschbrunftplatz

Wie die mächtige Stirn eines Riesen, der sie längelang ins violettbraune Heidekraut zum letzten vorwinterlichen Ausruhen geworfen hat, mutete der gewaltige Hügel an. Jenseits des weißsilbrig aufschäumenden Flusses wuchtete er empor. Gleich Stirnfalten zogen sich Farnbänder, teils noch spätsommerlich mattgrün, teils schon herbstlich ockergelb verfärbt, quer über den Hang. Als feine Runzeln in Heide und Hartgras gewahrte das Jägerauge etliche Wildwechsel, die sich schräg ins Tal hinab zogen.

Ein Gast war eingetroffen. Eben wies ihn der Hüter über das mehrere tausend Hektar umfassende Revier ein: Er solle den Hügelhang abpirschen, in dem nächtens zuvor ein Hirsch geschrien habe, dann den jenseitigen Hang und in weitem Bogen gegen Abend zurückkehren. Von seinem Haus, das sich nicht weit von Schloss und Garage – wie die aus winddurchlässig gegeneinander versetzten Holzlatten gefügte geräumige Wildkammer genannt wurde – ins Tal duckte, hatte der Berufsjäger den Hirsch mit dunkler rasselnder Stimme röhren gehört. Mit ausladenden Gesten beschrieb der Jäger, welche Wege der Gast auf seiner Tagespirsch gehen sollte. Der hörte aufmerksam und, wie ich meinte, mit ein wenig ratlosem Blick zu: Wo sollte sich am anscheinend offenen Hang ein Hirsch, womöglich ein vielköpfiges Brunftrudel, versteckt halten? Aber er war Gast des Revierinhabers, man konnte vermuten, dass ihm nicht bloß eine Bergwanderung unter gestatteter Mitführung seiner Büchse angeboten wurde, sondern eine echte jagdliche Chance, zumal er aus der fernen Großstadt durch Nacht, Gischt und Dunst über einhundertundfünfzig Kilometer angefahren war. Der Gast warf sich noch auf einen als Ersatz-Schießstandliege bereitliegenden Torfsodenhaufen und feuerte aus seinem kurzen .270-Winchester-Repetierer zwei Probeschüsse auf die am Flussufer stets bereitstehende Scheibe. Wir beobachteten durch unsere stark vergrößernden Ferngläser und sagten die Treffer an. Mit allseitigen Waidmannsheilwünschen in verschiedener Länder Sprachen verabschiedeten wir einander; dann fuhren wir davon, in ein anderes Tal.

Als wir uns des Abends wieder trafen, stand dem Gast der Schweiß von der Anstrengung des langen Pirschganges auf der Stirn. Um sich Kühlung zu verschaffen, lüftete er seinen verwitterten tweedbunten Deerstalker, da sah ich, dass ihm das Haar am Kopf klebte. Er murmelte nur ein: »Nothing, but nothing!«, schob seine Büchse ins lederne Langfutteral, bestieg sein Fahrzeug und brummte zu einem warmen Bad und einem mit bodenständigen Quellwasser zu verdünnenden Whisky am bläulich lodernden Torffeuer im fernen Landgasthof davon. Der Jäger schüttelte den Kopf, der Hirsch müsse da sein, morgen würden wir dort hinaufsteigen. Ich hatte unter seiner Begleitung bereits einen Hirsch auf einer uns von innen wie von unten durchfeuchtenden Kriechpirsch gestreckt, und er hatte mir, damals, als wir im Hang in der Sonne neben unserer Beute saßen und gemächlich frühstückten, in seiner wortknappen Art bedeutet, dass eine solche Pirsch bei Weitem nicht mit jedem Gast möglich gewesen wäre. Er setzte also auf meine damals noch jungen Gehwerkzeuge, vor allem aber auf meine Jägerinstinkte und vermittelte mir das Gefühl, dass wir ein gutes Team seien.

So vertrieb ich resignierende Gedanken, wie sie der Vortagesgast gehabt haben mochte, wo denn wohl ein Hirsch sich auf diesem Hügel verbergen könne, als am anderen Morgen der Jäger berichtete, der Hirsch habe wieder im Hang geschrien, die Stimme sei im Laufe der Nacht bis zum Fluss hinab gewandert und gegen Morgen wieder hügelaufwärts. Wir waren nach wenigen Minuten am Fluss, balancierten von Rundstein zu Rundstein, auf unsere Bergstöcke gestützt, hübsch vorsichtig und langsam hinüber, auf dass nicht unsere Pirsch mit einem Wasserbad ein vorzeitiges Ende nehme, zogen einen weiten Bogen am Hügelfuß und traten nach einer Stunde endlich den eigentlichen Aufstieg mit halbem Gegenwind an. Wo das Farnkraut noch nicht unter den ersten Herbstfrösten zusammengesackt war, stand es hüfthoch. Es gab allerlei Bachrinnsale, Mulden, kleine zusammengekauerte Ahorngruppen. Was von Ferne wie ein doch recht überschaubarer Hügelhang aussah – ich hatte auch den Abstand dort hinüber unterschätzt – war in Wirklichkeit eine vielgefaltete, vielgestaltige Berglandschaft. Schnaufend, immer wieder gestützt auf die Bergstöcke verharrend, gewannen wir Höhe. Damit öffnete sich uns der Ausblick über Hang und Tal, aber es zeigte sich kein Wild, wenn ich davon absehe, dass ein Steinadler einmal einen Kreisbogen vor uns zog. Kurz zuvor hatten wir einen Schneehasen aufgetan. Er war schon halb im Winterhaar, weiß leuchteten die bereits durchgefärbten Tupfer in seinem Balg. Deshalb konnte man seine Flucht in dem vor Taunässe sprühenden Heidekraut über eine weite Distanz bloßen Auges verfolgten. Womöglich verfügte der Steinadler über Erfahrungswissen, dass bergwärts pirschende Jäger einen Hasen hochmachen und ihm vor die Fänge treiben würden.

Wir schauten uns die Augen aus, spekulierten immer wieder durch die Ferngläser in alle Runsen und Falten bis in die weite Ferne. Der Jäger machte eine beruhigende Handbewegung, wies wortlos weiter hügelaufwärts. Da wurde mir klar: Er arbeitete systematisch den gewaltig ausgedehnten Hang mit mir ab, wollte nicht die Hügelkuppe erreichen, ohne zuvor sicher zu sein, dass der Hirsch, womöglich sogar ein ganzes Rotwildrudel, nicht irgendwo im Windschatten niedergetan war und wir das Wild überliefen. – Nach zwei Stunden aufmerksamen Pirschens und Steigens schoben wir uns gegen die Hügelkuppe vor.

Auf der anderen Seite, so meinte ich, würde sich uns nun der Blick hangabwärts in das jenseitige Tal öffnen. Dort würde das gesuchte Wild stehen! Aber ich hatte mich getäuscht: Der Hügelriese hatte einen ausladenden Hinterkopf und einen noch mächtigeren Nacken. Von unserem Auslug schauten wir in eine fast unendlich erscheinende Landschaft aus vielerlei Kuppen und Mulden. Nur ganz fern rechtsseits blitzte aus dem Tal silbern ein Gewässer herauf. Während wir noch hübsch sorgfältig unser Gesichtsfeld absuchten, ertönte mit einem Mal aus ziemlicher Nähe ein Hirschschrei. Ungläubig schaute ich den Jäger an, wo sollte hier ein Hirsch sein? Noch einmal ließ sich die Stimme vernehmen, deutlich vernahm ich das raue Rasseln in der Hirschkehle. – Über die Entfernung, in der ein röhrender Hirsch steht, kann man sich erheblich täuschen; Windrichtung, Stellung des Wildes, Intensität des Rufens sind die wesentlichen Einflussfaktoren, die den Hirsch einmal fern, einmal nah erscheinen lassen. Auch Rehschrecken klingt wie aus weiter Ferne, wenn der gestörte Bock das Haupt wegwendet und seine Basstöne vom Jäger fort versendet, um ja den ganzen Wald oder jeden Winkel der weiten Feldflur rebellisch zu machen. Dreht er es wieder zurück, für einen letzten empörten Aufschrei aus rauer Kehle in Richtung auf den Störenfried, so hört man ihn wieder aufregend nahe.

Beim Hirsch aber ist es jedenfalls so: Vernimmt man die feinen Untertöne, dieses Gurgeln und Räuspern aus der Tiefe des Wildkörpers, dann steht der Hirsch nicht fern. So war es hier! Aber wo war er? Saß er womöglich hinter einem der großen Rundsteine oder in einem Farnbeet und röhrte im Sitzen?

Der Jäger schien zu wissen, wo wir des Hirsches ansichtig werden konnten. Er bedeutete mir mit knapper, nach hinten weisender Handbewegung, ich solle dicht hinter ihm bleiben, ihn quasi als Deckung benutzen, – so hatte ich es an den Vortagen wie ein braver hinter seinem Herrn herschleichender Jagdhund auch gehalten. Wir rutschten von unserem Auslug zurück, rundeten die Hügelspitze, tauchten in ein kleines Tal und eilten, tief gebückt, einem Heidekamm zu, dessen Bewuchs gegen den Himmel ragte wie die Hauptzier eines Menschen, der sich, wie es bildhaft heißt, die Haare gerauft hat. Der Jäger robbte zu dem Heidekamm hinauf, lugte hinüber und gab mir dann ein Zeichen, ganz sacht neben ihn zu kriechen. Dann lagen wir, die Büchse zwischen uns, im kühlfeuchten Heidekraut, während eben die Sonne das graunebelige Gewölk durchbrach und der Landschaft Glanz und vielfachen violett überhauchten Farbenschimmer schenkte. Der Blick öffnete sich in ein ungeahnt weites, mit lichtgrünem Gras bewachsenes Kar.

Sogleich fiel mein Auge auf ein dunkles ausladendes, vielendiges beidseits kronengeziertes Geweih, dann erst erkannte ich den darunter gering wirkenden düsterfahlen Hirsch, rund um ihn fahlbraun und rotbraun etliche Stücke Kahlwild. Ein Zeit lang lagen wir, musterten das Rudel, ob nicht irgendwo ein Beihirsch in der Heide saß. Denn dieser hier vor uns, so beschrieb es mir mit knappen Worten flüsternd der Jäger, sei der Beste der Besten des weiten Reviers, noch über etliche Jahre würde er geschont bleiben. Es fand sich nur ein ellenlanger Spießer in dem einschließlich der Kälber achtzehn Häupter zählenden Rudel. Das Wild war vertraut, einige Stücken ästen, andere ruhten, die Kälber staksten hin und her, stupsten einander an. Ich hatte längst die Büchse vergessen, dieser Anblick war ein Geschenk; es schien mir, als schaute ich in ein geheimes Zimmer des Rotwildparadieses.

Der Jäger blies prüfend seinen Atemhauch in den Wind. Nur knapp zog er am Wild vorbei. Wir wollten hier nicht stören, womöglich den Guten samt seinem Rudel über die Grenze treiben, wir durften es auch aus jagdlicher Tagesstrategie heraus nicht. Denn wenn dieses Rudel schalenklatschend abging, rührte es alles Wild in der ganzen weiten Riesenhügellandschaft an und nahm es mit sich in weite Fernen. Aus war es dann mit unserer Tagespirsch, von der nun auch schon die erste Hälfte hinter uns lag.

Wir rutschten von dem Heidekamm, der uns so wunderbar gedeckt hatte, umrundeten das Kar in langen Schritten und pirschten bei halbem Wind gen Südwesten. Ein solch kopfstarkes Rudel zieht immer weiteres Wild herbei, Kahlwild wechselt an und ab, aber auch Beihirsche und Konkurrenten des Platzhirsches nähern sich. Wo so viele sind, waren die knappen Worte meines Jagdführers, sind auch noch mehr, so sei es nicht nur bei den Fischen unten im Fluss, sondern auch beim Rotwild. Er war darauf aus, einen anwechselnden Beihirsch anzupassen. Und jetzt ging seine Tagesstrategie jedenfalls in folgender Weise auf: Von hinten und von rechts, aus unserem Talhang, konnte an diesem Tage kein Wild kommen, dort hatten wir alles systematisch abgesucht. So wandten wir uns der anderen Hügelflanke, sozusagen jenseits des Rudels, zu. Unser Pirschgang, eigentlich war es eine raumgreifende jagdliche Wanderung, führte uns sanft abwärts, in einem Halbkreis. Irgendwann würden wir weit oberhalb des Schlösschens wieder in unser Tal eintauchen, dort, wo sich der Flusslauf um den Berg wand, und dann in der tiefen Dämmerung auf fast ebenem Pfad zu unserem Ausgangspunkt zurückpilgern. Die Tagesmitte war bereits überschritten, und die Wolkendecke zog sich wieder zusammen. Mein Führer aber strebte ohne jede Andeutung, dass auch wir, wie der Gast am Vortag, womöglich ohne Beute heimkehren würden, in seinem umsichtigen Pirschstil voran. Das gab mir Hoffnung! Immer wieder überschritten wir vorsichtig neue Querriegel, spähten in die jenseitige Senke und nach allen Seiten, ehe wir weiterzogen. So war unser Gang, trotz der beträchtlichen Entfernung, die wir mit Rucksack und Gewehr zurücklegten, keineswegs zu anstrengend. Wie mochte der Gast am Vortag seine Jagd angegangen sein? War er womöglich durch Heide und Hügel gerannt, immer getrieben von der Hoffnung, hinter der nächsten Anhebung dem ersehnten Wild zu begegnen?

Mehr als einen Kilometer mochten wir uns bereits von dem heimlichen Hirschbrunftplatz entfernt haben, an dem wir so nah, auf beinahe

Flintenschussdistanz, vor dem edlen Wild gelegen hatten, da sah ich es in einem Seitental hell aufblitzen. Ich stieß meinen Führer an. Er verhielt, verfolgte meine Blickrichtung, hatte schon das Glas vor den Augen, spekulierte, die Hände am Bergstock abstützend, hinüber. Was ich gesehen hatte, war die nassglänzende hell gefegte Geweihstange eines Hirsches, der sich eben aus der Heide erhoben hatte! Mein Begleiter packte mich am Arm, riss mich schräg auf den Hirsch zu, noch zwanzig, dreißig Meter weiter. Ich hastete gebückt, dass mir der Rücken schmerzte, hinter ihm her und wuchtete mich neben ihm hinter einen Heidebrink. Er griff mein Gewehr, schob es über eine Bülte. Ich lag jetzt flach am Boden und hatte Geweih, Haupt, Hals und ein Stück bemähnten Vorschlages des Hirsches im Zielglasrund. »Warte! Warte!«, raunte es beschwörend neben mir. Daraus schloss ich, dass ich eigentlich ein Freigabekommondo hatte, dass der Jäger in Sekundenschnelle den Hirsch angesprochen und für schussbar nach den dortigen Richtlinien und Grundsätzen befunden hatte. Der Hirsch hatte sich zu uns herüber gewendet und äugte mit grämlichen Blick herab. Irgendetwas hatte sich dort bewegt, was nicht Windbewegung in den Gräsern oder ein dahinhoppelnder Hase gewesen war. An der linken Stange sah ich im Fernrohr eine quer stehende Gabel. Alles sei frei, außer sehr gute junge Hirsche und Hirsche mit beidseitigen Kronen, so hatte der Jäger am Vortag dem Gast die Jagdkriterien erklärt. Als wollte der Hirsch sich besseren Überblick verschaffen, trat er nun einen Schritt vor auf ein kleines Postament. Es war weit dort hinüber, viel mehr als hundert Meter. Aber ich lag längelang in der Heide, die Büchse ruhte auf weichem Polster, das Fadenkreuz stand ruhig. Längst war der Stecher eingesprungen. Doch der Schuss auf diese Distanz wollte sorgfältig zusammengeschaut sein! »Hoch ins Blatt, aber nicht über den Zielpunkt für einen Hochblattschuss hinaus!«, lautete mein innerer Befehl. Eben fühlte die Zeigefingerspitze den kühlen Stahl des Abzuges, da kam der Hirsch ins Ziehen. Gleich würde er hinter der Heidekante verschwinden, auf die er soeben heraufgestiegen war! Ich drückte das Gewehr im sachten Mitgehen zur Seite; für einen Schuss auf ein sich ziehendes Wild war diese liegende Haltung, bei der beide Arme fest auf dem Boden ruhten, denkbar ungünstig. Aber es gelang mir, mich der Bewegung des langsam Ziehenden anzupassen. Vorn an der Blattkante zog das Fadenkreuz mit, da brach mir der Schuss. Der Hirsch schwankte, rutschte mit tiefer Hinterhand zurück, dorthin, wo er sich eben aus seinem Tagesruheplatz erhoben hatte, dann walkte er in sich zusammen. Als ich mich eratmend aufrichtete, war er wieder auf den Läufen, weiß leuchteten die nassen, blank polierten Stangenspitzen. So im Halbliegen war schlechtes Repetieren, ich setzte mich auf, lud mit energischer Bewegung durch und fasste, das Gewehr auf die Knie stützend, erneut Ziel. »Genug!«, hörte ich noch wie durch einen Schleier die Stimme neben mir, da fuhr, ohne dass ich erneut gestochen hatte, die zweite Kugel aus dem Lauf. Dem Hirsch riss es die Läufe unter dem wuchtigen Rumpf weg, da wusste ich: Er war mein!

Ich hielt das Gewehr im Halbanschlag, hatte den Finger am Abzug, als wir durch das unebene Gelände hinüberschritten. Ich würde die in langer Tagespirsch erarbeitete Beute nicht entkommen lassen! Aber mein Begleiter war gelassener. Er hieß mich, das Gewehr zu sichern und über die Schulter zu nehmen. Er habe den Einschlag der ersten Kugel gesehen, ich bräuchte mir keine Sorgen zu machen. Als wollte er, dass das Adrenalin schon ein wenig aus dem Körper wiche, ehe wir an den Gestreckten herantraten, verkürzte er nun seine Schritte, begann eine Plauderei über das zuvor gesehene Wild und lobte Tag und Wetter. Schließlich ragte da vorn eine der leuchtenden Geweihspitzen aus dem Gras, und dann sah ich den Gestreckten in ganzer Länge liegen. Hellrot sickerte ein Strom Lungenschweißes von der Blattschaufel herab in die Heide.

Mit dem Bergstock wies der Jäger auf eine frische Bruchverletzung hoch am linken Vorderlauf hin und schüttelte den Kopf. Das war alles an Kritik für meine zweite Kugel: Ich hatte, an das Schießen mit gestochenem Abzug gewöhnt, den zudem überflüssigen zweiten Schuss erheblich nach unten verrissen. Ich nahm nun den Hirsch in Besitz, indem ich sein Haupt herumdrehte, sah mir auch die abgewandte Stange an; ein Eissprossenzehner vom etwa fünften Kopf war es, der da vor uns lag, das Musterbeispiel eines Abschusshirsches. Ich gab den kräftigen Händedruck zurück und formulierte, noch ganz vom Erlebten benommen, einige Dankesworte. Nicht ich sei es eigentlich, der diesen Hirsch erbeutet hätte, denn ich hätte weder die Strategie dieses Pirschganges entschieden noch den Hirsch angesprochen. Nur gesehen

und geschossen hätte ich. Wir lösten die Grandeln aus, plauderten noch ein wenig.

Jenseits des Tales war die Sonne hinter der dortigen Hügelkette versunken, dunkelgrau glitt jetzt das Gewölk über uns dahin. Erste Abendkühle ließ uns frösteln, die wir vom langen Umgang aufgewärmt waren. Zeit wurde es, dass wir aus Hügeln und Heide herauskamen, wir beiden einzigen einsamen Menschen in großmächtiger Weite, dass sie wieder ganz den Hirschen überlassen blieb. Es stand viel Rotwild dort, das nächtliche Hirschkonzert würde bald aufbrodeln; es würde nicht merkbar sein, dass eine Stimme nun fehlte.

Während ich noch so dastand, aus der Anspannung jäh ins Grübeln verfallend, halste mir der Jäger sein Sack und Pack auf und führte mich damit in den Alltag des Jagens und in seine Pflichten zurück. Auch seinen Bergstock musste ich nehmen. Dann spannte er sich, den Hirsch an den Geweihgabeln packend, vor unsere Beute und zog sie, allerlei wasserführende Rinnen wie Gleitbahnen nutzend, dabei immer schneller werdend, hangabwärts. Plötzlich lagen recht steil unter uns Fluss und Kiesweg, schneller wurde die Bergefahrt, ich fürchtete schon, der Hirsch könnte den Jäger überrollen. Aber der war gewandt in dieser Form der Wildbergung und langte, kaum dass ich, beladen mit zwei Rucksäcken, zwei Stöcken und der Büchse, folgen konnte, vor mir unten an der Taltrasse an.

Dort ließen wir Hirsch, Rucksäcke und Bergstöcke zurück und wanderten, begleitet vom Rauschen des Flusses, im Gespräch über Wild und Jagd dem fernen Standort des Landrover zu.

Vor der Damwildbrunft

In immer größer werdender Anzahl sammeln sich alljährlich, zu Beginn des Oktobers, die Damhirsche an den Brunftplätzen. Mehr als fünfzig Hirsche können in einigen ostholsteinischen Revieren am Brunftplatz und um ihn herum stehen. Woher sie alle kommen, wo sie nach der Brunft bleiben, weiß niemand genau. Der eine oder andere Schauflertrupp steht sommertags im Weizen oder im Hafer und stört sich kaum an den Bewunderern, die ihn vom Feldweg durch ihre Fernglaslinsen auf nicht allzu ferne Distanz beäugen, seien es vorbeiziehende Wanderer oder die das Revier befahrenden Jäger. Mit Beginn der Jagdzeit aber, am Ersten des Septembers, sind die Hirsche fort; überhaupt spricht sich unter dem Damwild, den Hirschen wie dem Kahlwild, auf geheimnisvolle Weise der Start, aber auch das Ende der Schusszeit herum. Es mag mit dem Jahreskreis des Damwildes zu tun haben, dass um den Beginn des Vorbrunftmonates September die Hirsche, die erst in diesen Tagen ihre Schaufeln verschlagen, unruhig werden und die Sommereinstände verlassen.

Ein ganz besonderes Geheimnis webt sich um die älteren Hirsche. Von woher kommen sie an die Brunftplätze? Haben sie als ganz heimliche, nie geschaute Nachtgespenster im Brunftrevier gestanden? Oder haben sie – zumeist des Nachts wandernd – in diesen Vorherbsttagen große Strecken zurückgelegt, bis sie wie aus dem Nichts in der Nähe eines Brunftplatzes auftauchen, als sei hier schon immer ihr Lebensraum und Herrschaftsbereich gewesen?

Ich weiß von einem ansprechenden holsteinischen Feldrevier im östlichen Hügelland mit langen Knicks, eingesprengten Laubwaldstücken, Schilfpartien und weiten entlegenen Schlägen, dem eines der hervorragenden, über die Grenzen der Republik unter den Damwildexperten bekannten Brunftreviere angrenzt. In den Winternächten, bei Schnee und Mond, kommt dort allerhand Kahlwild zur Strecke. Manchmal gelingt es den Jägern dieses Reviers auch im Herbst, in den ausgedehnten Rübenschlägen oder an einer Maiskante das eine oder andere Schmaltier, seltener schon einen Spießer zu erlegen. Aber Schaufler?

Die Beständer zucken die Achseln. Die Schaufler schießen nur die Nachbarn, und zwar jedes Jahr, und nicht nur einen kapitalen, sondern gleich mehrere, deren beeindruckende Trophäen dann medaillendekoriert auf der Hegeringschau bewundert werden können. Nur einmal, so berichtete mir unlängst einer der Feldrevierjäger, sei es ihm gelungen, eher zufällig, beim Rehwildansitz, einen stärkeren Hirsch zu strecken. Von fern her sichtbar, wie an einer Schnur gezogen, sei er entlang einem Feldrain den nachbarlichen Waldhügeln zu und dabei ihm in die Büchse gewechselt.

In dem mir zugeteilten Pirschbezirk gab es keinen Brunftplatz; aber bereits im September fanden sich an den Rändern von Waldwegen und Schneisen Plätzstellen der Hirsche. »Sie kratzen schon!«, sagen die dortigen Jäger. Diese Kratzstellen sehen kaum anders aus als überdimensionale Plätzstellen eines Rehbockes. Der Rehbock allerdings schlägt mit gewissem Abstand vor einem Stämmchen, an dem er zugleich sein Gehörn fegt oder poliert, mit den Schalen in den Boden; der Damhirsch wählt hingegen einen Platz unter weit herunterhängendem Geäst, gern unter Fichtenzweigen, sodass er in der geschaffenen Mulde sitzend mit den Schaufeln dort hineinschlagen kann. So ist er in der Lage, häufig gar im Sitzen rülpsend, auf sich aufmerksam zu machen. Die Schlagstellen sind noch keine echten Brunftkuhlen, sie sind so etwas wie Übungsbrunftkuhlen zur Vorbereitung der bald beginnende Brunft, die im letzten Oktoberdrittel ihren Höhepunkt erreichen wird. Spätestens in der zweiten Oktoberwoche sind die Hirsche abgezogen; das suchende Auge des Jägers entdeckt keine frischen Schlagstellen oder frisch abgedrehte Fichtenreiser mehr. Die Schlagstellen finden sich Jahr für Jahr an den gleichen Stellen, an erhöhten Polstern im Wegrain, an übersichtlichen Plätzen im Altholz. Den Hirschen scheint es darum zu gehen, das den Brunftplätzen, die weiter entfernt tief im Forst liegen, zuwechselnde Kahlwild abzupassen. Es könnte ein frühbrunftiges Stück darunter sein. Auch lässt sich die vorbeiziehende Konkurrenz aus rechtzeitig geschaffenem gute Übersicht gewährendem Platz im Vorraum des kommenden Brunftgeschehens in Augenschein nehmen und bei entsprechendem vorbrunftigem Kampfgelüst überfallen. So wie Besucher einer großen dramatischen Oper, die sehr rechtzeitig erschienen sind und erst einmal das hereinströmende Publikum betrachten, haben sie im Foyer Platz genommen. Signalisiert dann das erste Klingelzeichen den baldigen Beginn der Vorstellung, so erheben sie sich und verschwinden mit der Menge der Besucher hinter den sich schließenden Türen des eigentlichen Theatersaales. So jedenfalls fantasiere ich mich in die Damhirsche und ihr vom Tierseelenleben – oder wohl besser: in ihr von Instinkten – gesteuertes Verhalten in diesen Wochen hinein, in denen es um Liebe, Paarung, Kampf und Sieg des Stärkeren oder des Geschickteren geht.

Nur selten bleibt ein reifer Hirsch in dieser fernen Randzone des Brunftgeschehens hängen oder kehrt, womöglich aus Gründen der Überalterung am Brunftplatz abgeschlagen, in die ehemalige Wartezone zurück. Vor allem die jüngeren sind es, die dort später wieder auftauchen, nachdem am Brunftplatz ihnen das Pflaster, oder besser: die Laubstreu, zu heiß geworden ist.

Hinter all diese Zusammenhänge bin ich erst im Laufe der Jahre gekommen. Und noch immer hoffe ich, dazuzulernen, das System des Naturgeschehens und seine Regeln zu entschlüsseln, um zu rechter Zeit am rechten Ort zu passen. Wer das ganze Jahr über jagt, wird bestätigen, dass es solche Gunstzeiten und besonderen Revierorte gibt: einen sicheren Haseneinlauf oder Fuchspass nach dem ersten Schnee, eine Senke, in die nach Überschwemmungen in der Dämmerung in Massen die Enten einfallen, Gehölze, in denen sich im letzten Abenddämmern zum Übernachten von weither die Ringeltauben zusammenfinden, in denen, fast im Finstern, die Elstern ihre gemeinsamen Schlafplätze wählen, natürlich die Brunftplätze des tagaktiven Damwildes, aber auch den fast sicheren Blattstand für die taulichtfunkelnde Hochsommermorgenstunde, von dem aus die kunstvoll musizierten Locktöne sich weit in den Forst hineinschwingen, die Masteichen, unter denen in der Schneemondnacht die Sauen brechen … .

»Unter einer dicken Eiche musst du dich ansetzen!«, hatte ein Jagdfreund mir geraten und damit Folgendes gemeint: Ende September, Anfang Oktober nehmen die Damhirsche noch Äsung auf, während sie in der anschließenden Hochbrunftphase fasten. Die Vorbrunftzeit fällt mit den Vorboten der Herbststürme zusammen. Mit ihnen fallen die ersten Eicheln – Kraftnahrung vieler Wildarten von Hirsch, Sau und Reh bis zu Fasan und Taube. Die Erkenntnis des alterfahrenen Jägers, der meinen Pirschbezirk nie angeschaut hatte, führte dahin, dass die Kombination von Kraftäsungsangebot und Vorbrunftplatz der Kreuzungspunkt des Geschehens sei, den ich zu finden hatte, wenn ich einen Damhirsch in jenem Revier erlegen wollte, obwohl dort das von mir so geliebte Damwild lediglich hindurchzuwechseln pflegte.

Eigentlich ging es darum, zunächst für einen lieben Freund und Verwandten einen Hirsch zu finden. So pirschte ich zu den wenigen einzelnen Eichen und den beiden Eichengruppen, die das sonst von Fichte, Kiefer und Lärche geprägte Revier vorzuweisen hatte. Unter der einen Eichengruppe, an leicht erhöhtem Platz, aber leider nahe am von allerlei Mountainbikefahrern, Joggern und Nordic-Walking-Volk benutzten Hauptweg, leuchtete es schwarz aus der zimtbraunen glänzenden Eichenstreu des Vorjahres. Mehrfach pirschte ich zu dem Platz, spähte auch vom Fahrzeug, ohne lange anzuhalten, hinüber. Aber von den Inhabern der frisch geschlagenen Betten ließ sich keiner sehen. Waren sie das Nachtlager oder Morgenquartier eines Hirsches? Nur einmal zog unter den kupfernen, schräg hereinfallenden Strahlen der Mittagssonne Kahlwild vorüber; ich sah es vom Wagenfenster aus in die angrenzende Fichtenwildnis hineinstaksen.

Für einen der folgenden Morgen entwickelte ich eine Doppelstrategie: zuerst vor dem allerersten Hellwerden ein Vorpass nahe der Feldgrenze, dann, bei vollem Tageslicht, Pirschgang zum Eichenwald, der weiter im Waldesinneren stockte. Hübsch behutsam, auf dem noch flickenhaften Teppich ersten gefallenen Laubes, näherten wir uns den Eichen. Klackernd fielen bald hier, bald dort einzelne Eicheln durch das Zweiggewirr auf den Waldboden. Nur an wenigen Frühherbsttagen gibt es diesen akustisch wahrnehmbaren Fall der nahrhaften Waldfrüchte. Ich erinnerte einen nebelübersponnenen Abend des Vorjahres, an dem ich beim frühabendlichen Pirschen dieses Herabklackern der Eicheln unter einer sich mehr und mehr aufbauenden, einen Wetterwechsel ankündigenden Brise wahrnahm. Sogleich bezog ich eine nahe gelegene verborgene niedrige Kanzel, von der ich zu einigen der Eichen durch eine Fichtenschneise hinüberschauen konnte. Schon nach einer halben Stunde, in der alle paar Minuten eine Eichel, manchmal gar auf das Dach der offenen Kanzel, herabklatschte, wechselte Damwild an, völlig vertieft ins eifrige Suchen nach den Eicheln. So war es mir ein

Leichtes, ein durch seinen besonders schlanken, von sticheligen Haaren besetzten Hals auffallendes geringes Kalb aus dem kleinen Rudel zu strecken.

Jetzt also war wieder einer dieser seltenen Tage des frühzeitigen Eichelfalles, unter dem wir, der Freund und ich, bei nunmehr vollem Tageslicht dem Wagen zu pirschten. Mit einem Mal gewahrte ich eine schwarz-weiße Bewegung in dem Eichenwäldchen. Als ich durchs behutsam gehobene Glas hinüberspekulierte, entwirrte sich zwischen Eichenästen, gefallenen Dürrzweigen, Stubben und einzelnen Jungfichten das Bild: Mit nickenden Häuptern ästen dort zwei geringe Damhirsche, so eifrig, unter ständigem Zucken der Wedel, daher die schwarz-weiße Bewegung, dass sie unser Herannahen nicht wahrgenommen hatten. Nur selten kann man in viel bejagten Revieren das Damwild auf nahe Schussdistanz anpirschen. Mögen auch noch so viele Nebengeräusche das nie ganz vermeidbare Knistern unter der Sohle des pirschenden Jägers überdecken: Wind in den Zweigen und im Falllaub, Straßenlärm, Motorengeräusche eines Traktors oder das Düsenheulen eines vorüberziehenden Flugzeuges: Das Gehör des Damwildes filtert die nahenden Menschenschritte heraus. Wirft es erst einmal in Richtung des heranschleichenden Zweibeiners auf, so wird es das Haupt nicht senken, bis es die Ursache der verdächtigen Wahrnehmung geklärt hat.

Die beiden Hirsche vor uns aber waren so in das Aufklauben der hier und dort herabfallenden Eicheln vertieft, dass wir auf dem Mulm des selten genutzten Reitweges bis hinter den bemoosten Stamm einer dicken Eiche uns vortasten konnten. Für mich in der Rolle des Jagdführers, der ich kein Gewehr trug, nicht schießen musste, war es leicht, den im Wildbret schwächeren der beiden Knieper herauszukennen und den Freund auf ihn einzuweisen. Der allerdings hatte nun die Aufgabe, zwischen all den Zweigen und Dürrästen eine Schussschneise zu finden, während die Hirsche mit ruckenden Bewegungen immer weiter vorrückten und sich dabei gegeneinander und bisweilen hinter die dicken Stämme der Eichenüberhälter verschoben. Mit einem Mal warfen sie auf, äugten über ihre Rücken zum Hauptweg hinüber und trollten dann, Laub aufwirbelnd, davon. Der Freund ließ die Doppelbüchse sinken; halb erlöst, halb enttäuscht schaute er mich an. Durch den Fichtenvorhang vernahmen wir jetzt vom Hauptweg her das rhythmische

K. P. Reif

Aufknirschen von Joggingsohlen und sahen auch eine leuchtend orangefarbene Sporthose hinter dem grünen Vorhang vorbeitraben. – Minuten später saßen wir im Frühstücksraum des kleinen Landhotels. Am anderen Morgen würde der Gast weiterreisen. Da war plötzlich vor dem Sprossenfenster wieder diese aufreizend leuchtende Hightechfaser-Hose im Feuerorange. Der Jogger musste eine weite Morgenrunde durch den Wald getrabt sein. Ein paar Minuten länger im Bett hätten ihm sicher nicht geschadet, uns aber das heiß begehrte Waidmannsheil ermöglicht.

Damwild stört sich nicht sehr an Wanderern und Spaziergängern. Die Hirsche würden wiederkommen. Die Eichelmast würde sie anlocken. Ich schnitt einen behelfsmäßigen Schirm am Wegesrand, aber mein Begleiter lehnte es ab, dort zu sitzen: Nur kein unsicherer Schuss! Und er ließ sich auch nicht überreden, den vorgesehenen Frühstart zur Heimreise zu verschieben. Zu einem letzten gemeinsam Frühstück sollte ich noch ins Hotel kommen.

Andernmorgens rollte ich dann also allein, auf weiten Forstwegen, vor Tau und Tag, vom Inneren des Waldes her dem Revierort zu, schlich auf dem überreiften Waldgras im allerersten Dämmern dem Platz zu, klappte mein im Internet ersteigertes tarngrünes Offiziersstühlchen hübsch leise auf und ließ mich nieder, mit Einblick in das noch düster verschwimmende Eichenholz. Kalt wurde es mit dem Reiffall, ich streifte mit sachten Bewegungen die Handschuhe über. Regungslos saß ich, zurückgelehnt gegen die kleine Rückenstütze des fabelhaften Outdoor-Sitzmöbels und lauschte. Gänse riefen, zogen südwestwärts gegen die ferne Elbniederung hin, ein Kolkrabe klongte auf. Unermüdlich bewachen die schwarzen Gesellen, einander die Information zurufend, der Jäger sei um die Wege, mein Fahrzeug. Geduldig warten sie, ob nicht ein Aufbruch für sie abfalle.

Endlich war Licht im Wald, weißes gedämpftes Nebeldunstlicht. Da trat, ohne dass ich auch nur einen Laut gehört hatte, eine mir mächtig erscheinende helle Gestalt unter die Eichen und äugte mir mitten ins Gesicht. Mit bloßen Augen sah ich, dass es ein Stangenhirsch war, wusste, dass ich weder das Glas heben noch die Handschuhe abstreifen durfte! Der Träger des Hirsches wurde länger und länger, er stieß einen kurzen, verschluckten Schrecklaut aus. In diesen Laut hinein nahm ich in gleitender Bewegung den Drilling, stach im Heben des Gewehrs ein und schoss augenblicklich aus freier Hand vorn in den Rumpf des Hirsches. Der wandte sich jäh um, prellte in einigen kurzen, gedämpften Fluchten ins Fichtendickicht und war fort.

Steifbeinig erhob ich mich, lud nach, stakste durch die Falläste zum Anschuss hinüber, fand nichts, markierte den Standort des Hirsches mit einem Papiertuch. Einige tiefe Schalenabdrücke standen dort, wo die Hirsche sich etliche Lagerplätze ins braune Eichenlaub geschlagen hatten. Ich ging in die Fichtendickung hinein, suchte die Wechsel ab, schlug einen Bogen. Konnte ich, wenn auch freihändig schießend, aus dem Sitzen heraus auf fünfundvierzig Gänge ein so großes Ziel gefehlt haben? Schon verwünschte ich, dass ich an diesem Tag den Drilling mit dem sechseinhalbmillimetrigen Kugellauf mitgenommen hatte statt der großkalibrigen Büchse. Jetzt musste ich den Revieraufseher samt Schweißhund herbeitelefonieren, würde die Frühstücksvereinbarung nicht einhalten und den lieben Gast nicht gebührend verabschieden können. Warum hatte ich nicht wenigstens an diesem einen Morgen Jagdruhe gehalten? Meine Jägerfreude an diesem besonderen stimmungsvollen Tagerwachen, dieser so nahen Begegnung mit dem Wild, schlug jäh in kalte Ernüchterung um. Wo war ich eigentlich? Hin und her suchend hatte ich mich um die Orientierung gebracht. Da hinten leuchtete das Papiertuch von einem Zweig, links von mir musste, wo es so sandhell durchs Gezweig schimmerte, der Hauptweg sein. Dort würde ich jetzt kurzerhand hinübergehen, dann schnurstracks zum Wagen. Als ich mich auf den Hauptweg ins Freie zwängte, lag dort, wie zum Abtransport hingeliefert, der Hirsch! Hellrot sickerte es aus dem kleinen Kugelmal hinter der Blattkante. Nur einen kleinen Bogen, in letzter Todesflucht, hatte der Hirsch geschlagen. Ich ließ mir jetzt keine Zeit, lehnte den guten alten Drilling an einen Stamm, verrichtete mit schneller Hand die rote Arbeit, schlug das Haupt ab. Dann schob ich, schon im Weitergehen, einen Eichenbruch hinters Mützenband.

Als ich, ganz genau zur verabredeten Minute, vor dem Hotel dem Wagen entstieg, legte ich die Mütze aufs Autodach. Der Gast würde sich neidlos mit mir freuen, und so geschah es auch.

Die Einmanndrückjagd

Eine Nahbegegnung mit dem Marder, dem Goldkehlchen ist mir in besonders intensiver Erinnerung. Es gab da eine Kanzel in dem wegfernen Winkel eines ohnehin einsamen, inmitten weitläufiger Feldmark gelegenen Gutswaldes. Die Gletscher der Eiszeit hatten dort eine den Naturfreund und Jäger bezaubernde Vielfalt geschaffen; der das Revier betreuende Förster gestaltete sie mit dem Planungsgeist des um Generationen vorausschauenden Waldbauers und zugleich mit dem Talent eines tüchtigen Jägers. Vom Hauptweg gelangte man über einen sanften, mit silberstämmigen Altbuchen bestandenen Hügel, denen zum Feldrain hin jede Menge Ahorn untergebaut war, in eine Senke. Sie ging zur Rechten in einen feuchtgrundigen, mit Erlen dicht bepflanzten Bestand über. Zur Linken war der Grund ein wenig trockener; dort hatte der Förster dicht an dicht Fichten setzen lassen, die zu Mannshöhe herangewachsen waren. Vor der Kanzel, zwischen den beiden so unterschiedlichen Jungwaldpartien, verlief eine breite Schneise gegen einen Bestand schon kräftiger Roterlen hin, hinter dem auf trockenem, leicht angehügeltem Grund die tiefgrüne Wand eines Fichtenaltholzes aufragte. Auf der Schneise und auch dort, wo jetzt die Roterlen aufstrebten, hatten zuvor ebenfalls Fichten gestanden. Aber zu nass war der Grund dort, um ihnen nach dem Herauswachsen aus der Jugendphase, mit dem Größer- und Schwererwerden der Kronen, sicheren Halt zu bieten. Nach und nach hatte der Sturm einige herausgedreht, schließlich ein Herbstorkan in die Lücken hineingegriffen und der gesamten Abteilung den Garaus gemacht. Die erst halb zur Hiebreife herangewachsenen Fichten hatte er gewaltsam übereinandergeworfen. Etliche zersplitterte Stammstücke, Stümpfe, Wurzelteller mit den darunter klaffenden finsteren Stubbenlöchern waren in der lichten Neuaufplanzung zurückgeblieben, die Raum ließ für gelb und lichtgrün aufsprießendes Waldgras. Das Ganze sah noch immer so aus, als hätte dort ein Riese mit seinem Spaten gewütet. Kein Weg führte hindurch, keinen Waldwanderer lockte der unwegsame, unordentlich anmutende Ort. Dafür schlängelten sich umso vielfaseriger die Adern der Wildwechsel um Stöcke und Stubben herum. Des Jägers Kunst bestand darin, den verwunschenen Ort im einsamen Wald möglichst lautlos zu erreichen.

Exakt am Übergang zwischen Buchenhochwald und Schneise hatte der Förster, wohl mehr die Drückjagden auf Damwild und Sauen planend denn an die Einzeljagd denkend, die offene Kanzel errichten lassen. Dorthin vom Wild unbemerkt zu gelangen war nicht einfach. Gegen den Westwind konnte man vom Hauptweg hinüberpirschen, sofern man bereit war, das Wort »pirschen« in Anführungszeichen zu setzen. Denn es galt, den Buchenhügel mit seiner aus abertausend knisternden braunen Blättern aufgehäufelten Laubstreu zu durchqueren. Vom Hauptweg war die Kanzel nicht auszumachen. Der Förster hatte sich auf wenige knappe Hinweise beschränkt, als er mich damals dort einwies: Damkahlwild und Rehwild seien »bis zum Stopp«, etwa durchziehende Sauen ohnehin zu erlegen, der Waldessaum sei die Außengrenze, der den Wald halbierende anlehmige Holzabfuhrweg die Innengrenze meines Bezirkes. Schließlich gab er mir noch den Hinweis, »dort hinten« sei auch eine Kanzel. Mit lässiger Hand wies er durch das geöffnete Fenster des allradgetriebenen Wagens in den Buchendom hinein. So überließ er mich meinem jägerischen Erfindungsgeist.

Ich fand bald heraus, dass es zwei Möglichkeiten gab, die Kanzel einzunehmen: in lautraschelndem Gewaltmarsch, wie ein verirrter Wanderer, bis an den Kanzelfuß vorzugehen, dann leise hinaufzusteigen und sich danach nicht mehr zu rühren oder behutsam tastenden Schrittes, stehpirschend, anzurücken. Morgens, vor Tagesanbruch kommend, habe ich die letztgenannte Manier oft geübt. Dabei musste ich immer wieder in die Knie gehen, um das aufragende Kanzelgerüst gegen den noch düstergrauen Westhimmel zu erspähen, damit ich nicht im gleichförmigen Hochwald die Richtung verlor.

Eines Morgens im Sommer saß ich auf der Kanzel. Laubwald und Gehölze hallten vom Vogelkonzert, Tau glitzerte rosasilbern in den durchs Altholz in meinem Rücken flach einfallenden Strahlen der sich über den Horizont erhebenden Sonne. Unter der Kanzel lag ein mächtiger Eichenstamm. Der Sturm hatte den Baum in die sumpfige Hangkante geworfen. Das Holz zu bergen, von diesem unwegsamen Ort, war wohl zu aufwendig gewesen, und so vermoderte wieder zu Erde, was aus ihr gewachsen war. Der Stamm von der Länge eines kleinen Einfamilienhauses musste vor der Errichtung der schon grau verwitterten Kanzel gefallen sein, denn zwei ihrer Stützstreben waren jenseits, zwei diesseits von ihm in den anmoorigen Boden eingelassen. Als sei er mit einem flauschigen lichtgrünen Teppichboden umklebt, überzog ihn eine samtige Moosschicht. Neben und unter dem Kanzelgerüst hatte sich eine Sumpflache gebildet, über sie baute er eine malerische Grünbrücke. Ich saß noch nicht lange und spähte mit dem Jagdglas in all die vielen Mulden, Löcher, Gebüsche und Blößen, ob nicht irgendwo die rote Decke eines Rehes hindurchleuchtete. In Anerkennung meines Fleißes bei der Bejagung des Dam- und Rehwildes im Winter – der mir angedrohte Stopp hatte meinen Eifer beflügelt – war mir nämlich die Ehre zuteilgeworden, dort auf einen Rehbock zu jagen, wiewohl sonst über den Sommer dieses Außenrevier dem Forstamtsleiter und seinen Vertrauten reserviert blieb. Ein zufällig des Wechsels kommender Überläufer war mir zudem freigegeben.

Bald knisterte und plantschte es schräg hinter mir an den Wasserlöchern nahe der rechtsseitigen Erlenwildnis und trabte schließlich unüberhörbar heran: Sauen! Schon sah ich sie schwarz und hellsandbraun hinter dem grünen Netz der herabschwingenden Buchenzweige. Eine kopfstarke Rotte war es, Bachen mit Frischlingen. Vor dem bemoosten Stamm trennte sich die im lockeren Verband heranwechselnde Sauenschar; die Frischlinge, kleine, gestreifte muntere Sauenkinder, schlieften links an dem samtgrün leuchtenden Eichenstamm entlang, ihre Mütter, eine starke und zwei Überläuferbachen, stapften rechts an dem gefallenen Baum vorbei, zielstrebig der Fichtendickung auf kürzester Linie zu. Ich schaute herab wie der Pastor von der Kanzel, die Hand am Gewehr, falls doch noch ein Überläuferkeilerchen nachkäme. Aber das Gemurkse und Geraschel der Sauenrotte verhallte, ohne dass sich diese Hoffnung erfüllte.

Eben lehnte ich mich wieder zurück und langte nach meinem Frühstücksbrot, da wispelte es wieder in den Erlenbüschen, aus denen eben die Sauen aufgetaucht waren. Ich tastete, den Blick nicht vom Waldboden wegwendend, wiederum nach dem Stutzen. Aber was jetzt braun über die Laubstreu heranwuselte, sich durch die Hartgräser und Binsenstauden schlängelte, war kein im Sommer jagdbares Wild. Der Edelmarder war's! Mit einem jähen Satz schnellte er auf den grünübermoosten Stamm, richtete sich auf, zeigte die leuchtend gelbe Kehle. Nach links und nach rechts Wind nehmend schnürte er nun auf dem Stamm entlang unter mir hindurch. Ein Jagdkalenderfoto wäre es gewesen: der braune Marder mit dem goldenen Kehlfleck auf dem samtgrünen Moosteppich über der ihn widerspiegelnden Sumpflache! Findet man in der Jagdzeitschrift, im Kalender ein solches Bild, so meint man, der Fotograf habe sich sein Motiv in einem Tiergehege gesucht oder sogar regelrecht zusammenorganisiert. Was ich schauen durfte, war aber im Morgenlicht glänzende Waldwirklichkeit. So nah am Wild war ich! Um einen solchen Frühansitz noch nach Jahrzehnten bildhaft zu erinnern, braucht es keine Trophäe an der Wand.

Aber, ich gebe es zu, wenn noch ein Überläuferkeiler nachgekommen wäre, das wäre – Glück zu Glück gewesen!

Von jener Kanzel im einsamen, weit draußen in der Ebene der Felder und Moore liegenden Wald habe ich aber zu anderen Jahreszeiten manch gute Kugel verschossen. Die bürstendichte Fichtenschonung, so klein bemessen, wie sie war, nur etwa von der Größe dreier durchschnittlicher Einfamilienhaus-Grundstücke, hatte es allem Wild angetan. Die Sauen machten dort Zwischenstation, bevor sie in die gleich seitwärts sich anschließenden Niederungswiesen oder ins Buchenholz auswechselten. An manchen Tagen steckten sie gar tagsüber darin; denn dort lagen sie warm und windgeschützt, während ihre Teller jedes Geschehen rund herum in Feld und Wald wahrnahmen. Einen Frischling, einige Rickenkitze und ein geringes Schmalreh, einen Fuchs habe ich im Laufe mehrerer Jahre am Dickungsrand von der Kanzel aus erlegt. Nicht selten schaute mir von fernem Eichenwipfel der Kolkrabe, manchmal auch der Seeadler zu. Strich er schweren Schwingenschlages heran, so verließ der Rabe übrigens spornstreichs seinen Auslug. Schaute ich mit dem stark vergrößernden Feldstecher zu den gefiederten Jagdkollegen hinüber, fixierten wir einander sozusagen Jägerauge in Jägerauge, so wusste ich wohl, welche Frage ihre leicht schräg geneigte Kopfhaltung ausdrückte: »Na, wann knallt's endlich? Hier wird auf den Aufbruch gewartet!«

Wenn auf der anderen Seite des Kanzelvorgeländes, drüben im Fichtenaltholz oder im davor gelegenen Eichenwald, Damwild angerührt wurde, so bezog es gern, bis die Störung vorüber war, die besagte sperrige Fichtendickung links neben der Kanzel. Von der hohen Warte des Sitzbrettes schaute man in einige wenige Blößen des kleinen Wildgeheimnisses hinein, bisweilen sogar durch den dunkelgrünen Nadelvorhang bis auf den düsterbraunen Grund hindurch. Da schoben sich dann die Wildkörper hin und her, vielleicht konnte es gelingen, wenn man konzentriert eine der winzigen Lücken fixierte, dorthin eine Kugel loszuwerden? Voraussetzung war, die Kanzel zu erklimmen, bevor das Wild in die Dickung einwechselte. Denn auch die allerweichste Pirschschuhsohle konnte nicht bewirken, dass man, feinsinnig wie gerade das Damwild ist, den erstrebten Platz erreichte, ohne von in der Dickung bereits eingeschobenem Wild wahrgenommen zu werden. – Nun hatte ich ausfindig gemacht, dass im jenseitigen Wald angerührtes Damwild sich mit dem Hinüberwechseln zu seinem Rückzugsort Zeit ließ. Es stakste wedelzeigend unter den mächtigen Eichen dahin, dann durch den Fichtenstreifen, anschließend in die Erlenkultur auf dem ehemaligen Kahlschlag und von dort in die Dickung hinein. Von einer anderen, fern gelegenen Kanzel hatte ich dieses sachte vor sich gehende Einwechseln einmal beobachtet. Kinder, die den bulligen schwarzen Schäferhundmischling des nächstgelegenen Bauernhofes ausführten – der Westwind trug das muntere Bellen des Hundes und die hellen Kinderstimmen herüber –, waren damals die Ursache der Störung. Das Wildverhalten brachte mich auf den Einfall, da mir ein Jagdhelfer dort nicht zugestanden war, mir selbst das Wild zuzudrücken. Weihnachten stand vor der Tür, einerseits war der Abschussplan nicht erfüllt, andererseits aber zu erwarten, dass der Förster kurz vor den Feiertagen Jagdruhe anordnen würde, weil er nach dem Fest kaum noch Wildbret verkaufen konnte. Wenn ich also noch zu Schuss, Beute und Jagdfreude, eben zum Waidmannsheil, kommen wollte, musste ich mir jetzt etwas einfallen lassen! So entstand folgender Plan: Ich würde, wenn ich wieder im jenseitigen Eichenholz Damwild entdeckte, wo es wegen der Sichtigkeit des Geländes in sicherer Bastion stand, nicht wieder den mehrmals schon vergeblich gebliebenen Versuch unternehmen, es anzupirschen. Sondern ich würde das Rudel anrühren, eilends mich wieder davonmachen, den Wald umfahren, um vom Buchenwaldhügel zügig zur Kanzel zu pirschen mit dem Ziel, noch vor dem Wild dort zu sein.

Am nächsten Jagdnachmittag leuchteten wieder die weißen Bauchlinien des Damwildes, als ich von fern in den Eichenwald hinüberspähte. Ich fuhr heran, stieg aus, achselte mir demonstrativ den Stutzen über und strebte, einem Spaziergänger gleich, auf einem Rückeweg in das Hochholz hinein. Bei solchen Drückjagdaktionen geschieht es nicht selten, dass der zumeist nicht mit einem Gewehr versehene Jagdhelfer näher ans Wild kommt, als es jemals dem jede Deckung suchenden und doch vom Wild schon argwöhnisch beäugten Schützen gelingen könnte. Auch diesmal war es so, dass ich bereits meinte, an einem der rauhborkigen Eichenstämme mich einkrallen und einen wohlgezielten Fernschuss wagen zu können. Aber da setzte sich, nach einigen Hochfluchten mit aufgestellten wippenden Wedeln, das Rudel ins Waldesinnere davonstelzend in Bewegung. Ich zog mich plangemäß zurück, fegte um den Wald herum, in den Hauptweg hinein, hastete mit Büchse und Glas durch den Buchenwald, bis ich die Hügelkuppe erreicht hatte. Von dort waren es zweihundert Schritte bis zur Kanzel. Der mir ins Gesicht stehende Westwind ließ hier und da das Laub raschelnd aufwirbeln; die unvermeidlichen Geräusche meiner Stiefeltritte konnten in der allgemeinen Geräuschkulisse untergehen. Ich hatte Glück, patschte nicht in das Wasserloch an der Kanzel, die alte Leiter knarrte nicht, es gelang mir, das zur Seite gelehnte Sitzbrett lautlos auf die Tragholme zu legen. Schließlich saß ich, aufatmend, und hob das erste Mal das Glas, um die Schneise, den dahinter liegenden Kahlschlag, schließlich die Dickung Meter für Meter zu durchleuchten.

Als meine von den Fernglaslinsen verstärkten Blicke in das Meer der Fichtenwedel drangen, wurde es plötzlich dort drinnen lebendig: Hier ein Stück gefleckter Decke, dort ein weiß leuchtender Bauchstreif, ein schwarz gerandeter Lauscher, ein zimtbraun behaarter Hinterlauf. Das Damwild wechselte eben von der gegenüberliegenden Seite her in seine Dickung ein! Es bezog vor mir, fast unter mir, Station, um mit gespitzten Lauschern zu prüfen, ob der Störenfried von der drübigen Seite des Waldes ihm nachgepirscht sei. Nach und nach buchstabierte ich heraus: Dort ein starkes Tier, hier ein Kalb mit dickem Kopf, sicher ein Hirschkalb, und ganz nah vor mir, rank, schlank, dünnhalsig, ein Schmaltier! Ich behielt die Stelle im Auge, an der seine weiße Bauchkontur durch den grünen Nadelvorhang schimmerte. In solcher Jagdsituation darf man den Blick nicht vom Ziel wegwenden, während die Hand den Stutzen ertastet. Am Zielfernrohr vorbei fixierte ich den weißen Streif; dann glitt das Gewehr vollends in Anschlag. Im Rund des Glases entzifferte ich erst nur die Bauchlinie. Das Stück äste hastig rupfend an einem Vogelbeerschössling, wie es angerührtes, eben wieder zur Ruhe kommendes Schalenwild in einer Verlegenheitsgeste häufig tut. Dabei trat es in kurzen ruckenden Bewegungen voran. Die Körperumrisse schoben sich zu einem Schattenriss zusammen, dort war das Haupt, der Hals, da die Rückenlinie, der Wedel. Auf die Steinwurfentfernung füllte das Schmaltier das Gesichtsfeld des Zielfernrohres vollständig aus. Suchend ging das Fadenkreuz hin und her! Dort musste das Blatt sein, dort war es, jetzt, einen Sekundenbruchteil lang erfasste ich die Blattkante. Im Schuss explodierte die Dickung! Nach allen Seiten wippten Damwildspiegel davon. Ich erfasste links, ins Altholz hinein, zwei, drei flüchtende Stücke, begierig folgte das Abkommen, ob das letzte, ein geringes Kalb, verhoffen würde. Aber als das endlich geschah, versperrte schon ein Staket aus Ahornruten den Weg der Kugel. Nur nicht jetzt, da ich das beschossene Stück noch gar nicht hatte, ein Wagnis eingehen! Nach einigem Ausharren entstieg ich der eben erst erklommenen Kanzel und zwängte mich in die Dickung. Darin war es bereits so düster, dass ich die kleine Stablampe hervorzog, die stets in der Innentasche des Jagdparkas steckt. Dort, bei dem einzelnen zusammengebissenen Vogelbeerstrunk musste der Anschuss sein! Hellrote Schweißtupfer leuchteten im Lichtkegel auf. Ich legte mich flach auf den Boden, schaute feldwärts. In diese Richtung hatte das Haupt des Schmaltiers im Schuss gezeigt. Gut, dass Damwild eine weiße Bauchdecke hat! Ich kroch zu dem hellen Fleck vor, der dort am Waldboden durchs sperrige Untergeäst schimmerte. Der Rest des rasch versinkenden Dezembernachmittags verging mit Zerren, Wuchten und Asten, bis ich endlich meine Beute aus dem Fichtenverhau, über den Waldhügel hinweg zum Hauptweg geschafft hatte. Richtige Freude kam auf, als ich die Tür der Wildkammer hinter mir geschlossen hatte und mich in die weichen Polster des Wagens zurücklehnte. Eine Drückjagd mit dem Durchgeher und dem Schützen in einer Person – das war eine neue Variante herzerfrischenden Jagens! Und so nah war ich am Wild gewesen!

In der Hütte überm Wasser

Ein weitläufiger Teil des Reviers meines Vaters war durch das Einfräsen tiefer, faschinengestützter Gräben trockengelegt worden. Die Entwässerung, von der Rehe und Hasen profitieren, war aus der Sicht des Flugwildjägers bedauerlich. Denn spätherbstliche Überschwemmungen blieben aus. So eine frisch überschwemmte Wiese strahlt auf das Entenvolk eine unglaubliche Anziehungskraft aus, und obwohl dem Wassergeflügel im näheren und weiteren Umkreis Hunderte von Hektar an Flüssen und Kanälen zur Verfügung standen, dort, auf diese Überschwemmungswiesen, zog es hin. Man konnte, wenn man um die Plätze wusste, unter den Kronen der Knickeichen stehend, Enten schießen. Dabei ging niemals eine im tiefen Dämmerlicht herabgeschossene Ente verloren, denn für die Hunde war in den flachen Wiesen sicheres Arbeiten.

Ich hatte als Jungjägeranwärter die Attraktivität dieses Platzes für die Enten durch einen abendlichen Probeansitz herausgefunden, nachdem ich bei heftigem Weststurm tagsüber dort einmal ein Schoof Enten hatte kreisen sehen. Mit dem väterlichen Drilling ausgestattet, habe ich in diesen Wiesen meinen ersten Stockerpel erlegt. Ich gebe zu, ich schoss, obwohl das Entenschießen mit dem kurzen schweren Drilling gegen den rosa verschimmernden Abendhimmel eigentlich besonders gut gelingen kann, mehrfach vorbei, bis ich einen paakend herumkreisenden Erpel heranlockte und ihn, als er rauschend vor mir eingefallen war, in aller Ruhe und Gezieltheit auf dem Wasser streckte. Mein zweihundert Schritte weiter stehender Vater hatte sich mit dem Schießen zurückgehalten, um – wie mir zurückschauend in Dankbarkeit klar wird – zu beobachten, was der Sohn mit seinem Drilling anstellte. Er quittierte die erfolgreiche Aktion mit einem deutlichen »Gut! Waidmannsheil!«. Die Erkenntnis, dass Beutemachen auch zur Erziehung eines jungen Jägers gehört, stand dabei im Vordergrund gegenüber der Frage nach der Waidgerechtigkeit des Schusses nach dem vertraut auf dem Wasserspiegel eingefallenen Vogel. Der Vater hatte, als wir heimgingen, zwei Enten am Galgen, ich meinen herbstfeisten schweren

K.-P. Reif

Erpel. Ein alter und ein junger Jäger waren tief beglückt über die Erlebnisse dieses Abends. Noch lange stand das scherenschnitthafte Bild des starken Erpels vor mir, wie er, eine Kiellinie hinter sich lassend, über den im Dämmerlicht bleigrauen Spiegel des Blankwasser ruderte, nah vor mich hin.

Nah ans Wild kann gelangen, wer gedeckt in einer geschlossenen Kanzel oder einem Bodensitz seinen Vorpass bezieht.

Liebgewonnen hatte ich eine Hütte auf niedrigem, sich kaum über das Geländeniveau der Moorwiesen erhebendem Podest. Das Besondere an ihr war, dass sie über einem Bachlauf stand. Wer dort ansaß, hörte unter der aus einfachen, inzwischen grau verwitterten Brettern gezimmerten Konstruktion das Wasser gluckern. Vom Sitzbrett schaute man auf eine feuchte, magere Wiese, die halbmondförmig vom Niedermoor umfasst wurde. Von der linken Spitze des Moores zur rechten verlief ein Entwässerungsgraben, von dem, in der Mitte dieser Verbindungslinie, das Bächlein hinab zum weit draußen die Wiesen durchquerenden Fluss das braune Moorwasser entließ. Über diesem Moorbach stand die Hütte. Der Fluss, der sein Wasser nach etwas mehr als hundert Kilometer mäandernden Verlaufes breit und mächtig in die Ostsee führt und einem an seiner Mündung ehemals als Fischerdorf gegründeten Ort seinen weithin berühmten Seebadnamen gibt, ist dort noch eine niedliche Au. Aus dem ostholsteinischen Hügelland wie aus den Mooren der vorgelagerten Niederungen nimmt sie heftige Zuflüsse auf; ihre Strömung bleibt deshalb immer in Fahrt und hält sie auch im Winter eisfrei. Wenn die großen Seen zufrieren und das Wasserwild umherstreift, um eisfreie Gründelplätze zu suchen, zieht sie starke Entenschoofe an.

Um die Hütte zu beziehen, musste man einige wenige Stiegen erklimmen, dann, über dem braunen Moorwasser stehend, die windschiefe Tür entriegeln, wozu man eine Fensterklappe anhob und hineinlangte, um innen den hölzernen Türriegel senkrecht zu stellen. Danach galt es, wenn endlich die Tür nach außen geöffnet stand, mit Sack und Pack sich um die Ecke ins bergende Innere zu wenden, ohne dabei das Gleichgewicht zu verlieren oder sich allzu heftig an der windschief in den Angeln hängenden Tür festzuhalten. Nachdem man endlich das Sitzbrett quer gelegt und sich darauf eingerichtet hatte, saß man perfekt: In Schrotschussentfernung links von der Hütte zwängte sich der Längsgraben unter einer Wegüberfahrt hindurch. Fuchs und Hase, vielleicht aber auch Damwild und Rehe würden diese trockene Passage aus der Moorwiese hinaus in die Niederungswiesen nehmen, so dachte ich mir, als ich mir erstmals diesen Revierwinkel erpirschte. Beim Sommeransitz an dem idyllischen Platz zeigte sich aber nur ein Gabelbock mit eng stehenden, weiß leuchtenden Stangen im Moorrand unter den Faulbaumbüschen. Die Wiese schien keine Anziehungskraft auf ihn auszuüben. Er verschlug einige Faulbaumschösslinge, wies mir dann den Spiegel und verschwand im Moor, noch bevor ich mir über sein Alter so recht ein Bild gemacht hatte.

Im Spätherbst kam ich wieder. Es gibt Revierorte, an denen lohnt sich der Ansitz nur zu gewissen Jahreszeiten. Vielleicht war dies ein Herbst- oder Winterplatz? Wenn die feuchte Wiese – das Moor entwässerte zu ihrer Seite hin – für die genäschigen Rehe wenig verlockende Äsung bot, so mochte sie mit ihren Binsenbeeten, den allerlei Frösche und Schnecken bergenden schmalrinnigen Quergräben und ihren verschilften Rändern für Fuchs und Sau attraktiver sein. Ich fährtete eines Nachmittags ab. Hier und da hatten an trockeneren Erhebungen die Sauen gebrochen. Nur oberflächig umgewälzt lagen einzelne Grassoden – das sah nach Kinderarbeit aus. Vielleicht steckte eine Rotte Frischlinge im Moor, nachdem sie ihre Mutter bei den Maisdrückjagden oder im Straßenverkehr verloren hatte. Ein Ansitz würde lohnen!

Hinter dem äußersten linken Zipfel des Moores stieg der fast volle Mond herauf. Wie ein zu feinstem Gewebe gewirkter Schleier wob Dunst über der nächtlichen Wiese. Abertausend Silberfäden wallten hin und her, vereinigten sich zu dichten Bänken, zerflossen dann wieder in einzelne sich verflüchtigende Fahnen. Von den unzähligen in der Luft schwebenden Wassertröpfchen reflektiert, verstreute sich das Mondlicht. Obwohl der Dunst die Konturen der Gräser, Distelstauden, des Moorrandes zum Verschwimmen brachte, war es eine helle, eine sichtige Nacht.

Wenige Menschen erleben den Zauber des Monden- oder Sternenscheines, der Schneelichte, der schummerigen Mittsommernächte, den plötzlichen Fall von Tau oder gar Reif. Ausdauernden Jägern aber wird dieses Geschenk zuteil. Dieses Erleben, das wir Jäger – wie auch Angler, Bergwanderer – gegenüber den naturfremd gewordenen Mitmenschen als Vorzug bekommen, prägt das Jagen in einer Zeit, in der unsere Existenz nicht mehr davon abhängt, dass wir Fleisch, Fell und Horn mit nach Hause bringen! Zugegeben sei: Auch ich kehre gern mit der ersehnten Beute heim! Zu behaupten, ich sei vollends entschädigt, wenn ich über Wochen nichts erlege, allein durch den Genuss von Naturereignissen und Naturschönheit, würde das Verhältnis von Jagd und Naturerleben in eine Schieflage bringen und ein geradezu kitschiges Bild von Jagd und Jägern entwerfen. Die Sehnsucht nach Schuss und Beute lodert in mir. Zugleich und immer, an beutefrohen wie an beutelosen Tagen, bin ich dankbar dafür, meine Seele in besonderen Stimmungen und Stunden des Draußenseins erfrischen zu dürfen. –

Durch die Lücken im dickbohligen Hüttenboden stieg vom dahin glucksenden Fließ feuchte Kühle herauf, ihr Hauch schlug mir ins Gesicht, kroch in den Kragen. War diese Nacht so hell, dass sich die schwarzen Gesellen nicht aus dem Moor ins Offene trauten? Da wartet man wochenlang auf eine Nacht mit ausreichendem Licht für sicheres Ansprechen und Schießen; endlich ist sie gekommen, kein verpflichtender Termin steht dem Abendansitz entgegen, und nun sitzt man in der gleißenden Helle des Mondscheines, beäugt durchs Fernglas wieder und wieder jeden Stein, Stubben, Zaunpfosten samt daneben wucherndem Hartgrasboschen, ob er nicht doch die heiß ersehnte Sau oder der nächtliche Schleicher Reineke sei – und sichtet über Stunden kein anderes jagdbares Getier als den einen oder anderen in buckelnder Hasenmanier zu Feld strebenden Meister Lampe. Schließlich verstreicht der Zeitpunkt, zu der nach ortsbezogener Revierkenntnis das Wild angewechselt sein sollte, leises Frösteln stellt sich ein, man spürt die harte, grob gezimmerte Sitzbank. Erste Gedanken an die Arbeit des kommenden Tages drängen sich vor, schließlich öffnet man mit einem entschlossenen, fast ärgerlichen Ruck all die Druckknöpfe und Reißverschlüsse der Ansitzkleidung und tappt sodann, ein wenig steif in den Gelenken, mit Sack und Pack dem Fahrzeug zu, vom eigenen Schatten im Schein unseres herablächelnden Erdtrabanten begleitet. Einige Male habe ich in solchen Nächten den Fuchs in Erwartung von Hochwild durchgelassen, der – allerdings zu später Abendstunde – die Helle weniger scheut als die Sauen, und mich am Ende nicht wenig darüber gegrämt. Denn der langgrannige Balg des Spätherbst- oder Winterfuchses ist eine bezaubernde Beute. Jüngst haben mir freundliche und sachkundige Helfer aus den gesammelten Bälgen meiner Winterfüchse eine große, warme Decke genäht. Ein feine beachtenswerte Jagdtrophäe ist das! Die allermeisten der Jäger, die nächtens die Ansitzjagd ausüben, haben mehr Sauen als Füchse im vollwertigen Balg erlegt. Auch mir ist es so ergangen, heute aber muss Reineke fürchten, dass ich rasch mich von schwarz zu rot entscheide, wenn er in sichtiger kalter Nacht plötzlich über die Szene geistert. Oft habe ich jetzt den Drilling dabei, denn sehr rasch, viel schneller als ein Kugelschuss zusammengeschaut werden kann, lässt sich bis auf die Fünfundvierzig-Meter-Distanz – und das ist beim nächtlichen Jagen weit – die Schrotladung wirksam versenden.

Auch an jenem Abend in der Hütte über dem Wasser überkam mich die Versuchung: Im Silberdunst besonders hochläufig, fast wie ein langsam dahinziehendes Reh anmutend, schnürte vom Moor ein Fuchs heran. Die Grabenüberquerung links von der Hütte war sein Ziel. In einigen Bogen wich er von der geraden Linie dort hinüber ab, stocherte mit dem Fang in dem einen oder anderen Binsennest und war dann schließlich auf gerechte Schrotschussweite vor mir. Die Mitjäger würden nicht eben begeistert sein, wenn es jetzt, das Moor und die umliegenden Wiesen rebellisch machend, aus dem Zwölferlauf meines Drillings krachte. Der Fuchs schien zu wissen, was ich bedachte. Denn er – hockte sich hin und nässte, sodass ich den silbern blinkenden Strahl im stark vergrößernden Fernglas sehen konnte! Eine Fähe war's also. Ich gab dem Revierinhaber am andern Morgen eine knappe Meldung: »Nichts gesehen, nur ein Fuchs hat mir vor die Hütte gep… !«

Einer meiner Söhne hatte das Gespräch mitgehört. Kaum hatte ich eingehängt, da baute er sich vor mir auf: »Papa, man sagt nicht gep…! Schon gar nicht am Telefon zu anderen Leuten!« Ich berichtete ihm dann von dem erlebnisvollen, aber beutelosen Jagdgang und erläuterte ihm auch, wie es jägersprachlich so bildhaft heißt, wenn der Fuchs das tut, was ich mit angesehen hatte. Am Ende erhielt ich dann die Weisung: »Aber beim nächsten Mal lässt du dir das nicht gefallen, und wir ziehen ihm das Fell über die Ohren!«

Die folgende Nacht war düster, eine dicke Wolkendecke hatte sich von Südwesten herangeschoben. Es war auch milder, süßlich roch die

Luft, ein Wetterumschlag stand bevor. Fällt das Mondlicht gedämpft und verstreut durch die Wolkenschicht, sodass Mondschein und Mondschatten nicht ein verwirrendes und das suchende Jägerauge ermüdendes Lichterspiel mit Büschen, Bäumen, Stubben, Zaunpfählen und auch dem ziehenden Wild treiben, so halten die Sauen vertraut und zeitig ihre Wechsel. Gegen halb neun Uhr Abendzeit hörte ich es im Moor planschen, dann geisterten schwarze Schatten über die Wiese. Eine Zeit lang brauchte es, bis ich herausbuchstabiert hatte, dass eine Überläuferbache mit ihren recht geringen Frischlingen sich daranmachte, weitere Parzellen der Wiese umzubrechen. Endlich stand einer der Frischlinge hübsch breit im Gebräch. Das Fadenkreuz zeichnete sich, nach einigem Zusammenschauen, auf dem eben noch erahnbaren Braun seiner Schwarte ab. Bei solchen nächtlichen Schüssen, wie auch bei präzis zu zielenden Fernschüssen, gilt es, nicht einfach auf den Wildkörper, in den vorderen Bereich, zu schießen, sondern möglichst einen bestimmten Punkt auf der Decke oder Schwarte anzuvisieren, die Blattkante, ein heller wirkendes Büschel Haare oder Borsten. So gelingt es, tatsächlich an totsicherer Stelle auf dem Wild abzukommen. Bei einem – nennen wir es einmal so – Pauschalschuss, gerät der Schütze in die Gefahr, irgendeinen dunklen Fleck im Hintergrund, Ast, Baumstumpf, Grasbüschel, in Gedanken dem Wildkörper hinzuzuaddieren und schließlich auf diesen, oder jedenfalls unter völlig verschobener Platzierung, seine Kugel zu versenden.

Nie werde ich die Nacht vergessen – ich war zum Sauansitz bei Halbmond und Nieselregen eingeladen –, in der ich, nachdem ich endlich aus der Rotte einen strammen Überläufer herausgetüftelt hatte, mich an den Jagdaufseher mit der Bitte wandte, er möge einen Traktor zum Abtransport herbeibeordern. An den Anschuss war ich gar nicht erst gegangen. So sicher war ich mir, dass dort, wo inmitten einer Gruppe Maulwurfshaufen sich ein besonders stattlicher Erdhügel im schwachen Licht abgehoben hatte, meine Sau liegen musste. Der Trecker kam, rückte mit vorgestrecktem Frontlader samt daran baumelndem Tragseil in die Wiese vor, von mir gegen die Maulwurfshügellandschaft hin eingewiesen. Groß wurden meine Augen und riesengroß das Gelächter meiner Helfer, immerhin zwei Mann, als hinter dem besagten Maulhaufen ein kleines rundes braunes Hügelchen in den Scheinwerferstrahl unseres Transportfahrzeuges geriet. Der wackere Traktorfahrer sprang von seinem Sitz, hob das Schweinchen an einem Arm empor und hakte es an der Frontladerschaufel ein. Eben zu diesem Augenblick tauchte Teilnehmer Nummer vier, der Jagdherr, auf, gratulierte mir zu dem guten Schuss und dem Hegeabschuss – die angehende Sau hatte ein gerade noch akzeptables Jagdgewicht – und bewahrte mich so vor allerlei Spott und etlichen Runden Korn und Bier.

Später hat man mir unter der Hand berichtet, man habe angenommen, ich sei zu furchtsam gewesen, allein an das gestreckte Sauen-Untier heranzutreten und hätte deshalb um Hilfe telefoniert. Nun ist es zwar sicher angezeigt, auch aus Gründen der Waidgerechtigkeit, eine nächtliche Saunachsuche zu zweit anzutreten, denn man braucht dazu Licht, ein wirklich bereites Gewehr und zuallermeist auch einen Hund. Aber in diesem Fall hatte ich gar nicht an irgendeine Gefahrensituation gedacht. Ich hatte schlichtweg vor dem Schuss den Maulwurfshaufen – und es war ein wirklich stattlicher, von der Größe einer Kindersandburg am Strand – und die geringe Sau zusammenaddiert, und so war aus dem Frischling ein strammer Überläufer geworden – in meiner Fantasie. Nur gut, dass ich damals von der Rückenlinie ins Ziel gegangen war – wie es sich bei nächtlichem Jagen von einer hohen Kanzel stets empfiehlt.

Damals, in der Hütte überm Wasser, verharrte ich nach dem Schuss – wie stets – eine Weile regungslos, dann zwängte ich mich wirklich mit Sack und Pack, nämlich Ansitzsack und Rucksack, Gewehr und Nachtglas, zur Türe hinaus und die von der Luftfeuchte glitschig gewordene Leiter hinunter. Mit der Taschenlampe in der Hand, den Lichtkegel stracks in Richtung einer einzelnen Moorbirke gerichtet, die ich mir vor dem Schuss als Richtweiser gemerkt hatte, schritt ich geradewegs dahin. Tatsächlich, da lag etwas im Gras, was länger und ein wenig heller war als die zahlreichen Maulwurfshaufen. Der Untergrund der Wiese war an dieser Stelle, gegen den Entwässerungsgraben hin nicht allzu feucht. So entschied ich, meine Beute mit dem Wagen zu holen. Aus der Perspektive des Autofahrers aber, als der ich alsbald von der Seite her in die Wiese rollte, ließ der Erlegungsort sich nicht wiederfinden. Ich wendete, fuhr kreuz und quer, vermutete schon, die Sau sei gekrellt, inzwischen wieder auf die Läufe gekommen und längst über alle Berge, oder besser: Moore, verschwunden. Schließlich stieg ich aus, peilte die Linie von der Hütte überm Wasser bis zur hellstämmigen Moorbirke und fand sodann, gleich neben dem Wagen hinter dem nächsten Binsenboschen, meine Beute wieder.

Der Fuchs, der sich auf eine des Jägers Ehre kränkende Weise vor der Hütte erleichtert hatte, ging mir nicht aus dem Sinn. An einem Schneewintermorgen, unter allererster rosa schimmernder Morgenröte über dem östlichen Horizont der weitläufigen Wiesen, kam ich wieder, ließ mich aufatmend – fast war ich von der eisüberzogenen obersten Hühnerleitersprosse ins braune Moorwasser gerutscht – in der Hütte nieder, drehte sacht die schwergängigen hölzernen Kerbel, um die Fensterklappen frei zu bekommen, öffnete behutsam die Luken, sodass ich nach allen Seiten in die Niederungslandschaft spähen konnte. Da, links hinter mir, war ein rundes dunkles Etwas im Schnee, hielt inne, kam jetzt auf mich zu! Ich angelte, ohne den Blick wegzuwenden, nach dem Drilling. Der Fuchs gibt im Schneedämmerlicht, wenn er zügig schnürt, eine lange, flach dahinfließende Silhouette. Das herannahende Wild aber mutete allzu rund an. Enttäuscht ließ ich das Gewehr sinken: Ein verspätet moorwärts hoppelnder Hase war es. Er ließ sich Zeit, machte den einen oder anderen Kegel, als wollte er sich besinnen, wo er seine Tagessasse ins hasenbalggelbe Moorgras gescharrt hatte. Vielleicht warnte ihn auch sein Instinkt vor der Grabenüberfahrt. Irgendwo im Grabenrandschilf, hinter einer Distelstaude, konnte sich der Fuchs gedrückt haben mit dem Ziel, seine nächtliche Pirsch mit einem Hasen als Beute zu beenden. Heller und heller wurde es, suchend schwenkte das Rund des Fernglassichtfeldes über den bereitliegenden Drilling hinweg in jeden Winkel der Wiesen und Weiden. Jedes Koppeltor, jeden dickeren Pfahl inspizierte ich. Doch nirgendwo wies sich der Schattenriss eines Fuchses. Nun war Lampe heran. Seine Nüstern spielten, die Überfahrt war ihm unheimlich. Schließlich setzte er an zu einem rasanten Anlauf, fegte über den gefährlichen Engpass hinweg und hoppelte gleich danach gelassen weiter. Wenn schon kein Fuchs kam, so ein Winterhase war doch auch eine gute Beute! Reichlich spät griff ich zum Drilling. Da machte der Hase noch einmal einen Kegel, der trockene Schuss brach, zwei, drei flache Fluchten tat der Beschossene noch, dann streckte er sich im Schnee.

Nach einem Schuss bleibe ich gern ein wenig sitzen. Etwa noch in der Nähe stehendes Wild soll nicht das krachende Geräusch mit der Anwesenheit des Menschen in Verbindung bringen. Manchmal bringt gar ein Schuss Wild in Bewegung, das bisher verdeckt irgendwo gestanden hat. Zweimal schon habe ich eine Quasi-Doublette auf Reh und Fuchs geschossen: Das erste Mal machte der Schuss auf eine Ricke einen Fuchs locker; direkt vor die Leiter flüchtete er hin und stürzte auf meinen rasch gezielten Schrotschuss aus dem linken Drillingslauf in einen Bach. Rechts vor die Kanzel hatte ich hingeschossen, linksseits, viel weiter gewässerabwärts, fand ich ihn damals. Das zweite Mal hatte ich aus dem kleinen Kugellauf einen leuchtend hellroten Fuchs auf einer winzigen Lücke in den Buchenrauschen vor meiner Leiter gestreckt; der peitschende Knall brachte eine Ricke auf die Läufe. Sie stürzte unter dem eilends zusammengeschauten weiteren Schuss, diesmal aus dem großen Kugellauf, in einen Waldgraben. Lange habe ich damals gekreiselt, bis ich in dem mir nicht vertrauten Wald meine Beute zusammengesucht hatte. Erst fand ich den Fuchs zwischen all den Buchenstämmchen nicht, dann hatte ich die Orientierung verloren, musste zur Leiter zurück, um die Stelle ausfindig zu machen, wo das Reh verschwunden war. Der Waldgraben war tief und von Farnkraut überwuchert, Meter für Meter musste ich ihn durchkämmen, bis ich endlich nahezu über das in ein Stubbenloch im Grabenhang hineingerutschte Stück fiel.

Während ich also noch so in der Hütte überm Wasser saß und befriedigt bestaunte, wie weit der linke, so gleichmäßig deckende Schrotlauf des Drillings hinausgelangt hatte – es waren später achtundvierzig stramme Schritte bis zum Hasen –, vernahm ich das Klingeln von Entenschwingen. Mein Schuss hatte auf dem Flüsschen ein Schoof Stockenten locker gemacht. Sie drehten ihre Runden über den winterlichen Wiesen, suchten nach offenem Wasser. Grün und silbern leuchtete das Prachtkleid der Erpel, als sie vor dem Hüttenfenster vorbeiglitten. Kurz danach gab es ein Aufrauschen, dann ein Plätschern und Schwingenschlagen fast unter mir im Moorgraben. Nun hörte ich auch leises Paaken. Kein Zweifel, in dem Fließ, über dem meine Hütte errichtet war, hatte sich eine Ente niedergelassen. Sacht wandte ich mich auf dem Sitzbrett um und öffnete die windschiefe Tür Zentimeter für Zentimeter. Durch den Sichtspalt schaute ich auf einen prächtigen Wintererpel hinab. Schnatternd äste er fleißig im Bachufer. Ein Schrotschuss hätte ihn zerfetzt, die Tür aufstoßen und ihn, nach Abhaken des Zielfernrohres, im Abstreichen zu schießen, bedeutete ein unsicheres Unterfangen, zumal ich nur einen rauen Schuss zur Verfügung hatte. Im rechten Schrotlauf nämlich war der Einstecklauf eingeschraubt. Also: die kleine Kugel! Durch den Kopf oder hoch am Rücken musste ich treffen, um zu einem unversehrten Entenbraten zu kommen. Im Zeitlupentempo schob ich die breite Laufmündung des Drillings durch den Türspalt, drehte das Zielfernrohr auf die allerkleinste Vergrößerung und erfasste den Erpel. Im Aufpitschen des kleinen Kugelschusses streckte er sich. Einige Minuten später fischte ich ihn mit dem Gewehrriemen aus dem Moorwasser, begann schon, nachdem ich den Hasen aufgenommen und im Galgen eingehakt hatte, ihn zu rupfen, dieweil ich zum fernen Waldrand, jenseits des Moores, hinüberschritt, wo verborgen mein Fahrzeug parkte. Dort hängte ich den Hasen an die steifen Dürräste einer Fichte und balgte ihn sogleich ab. Warm, wie er noch war, ging das leicht von der Hand. So kam ich mit einem Hasen- und einem Entenbraten, beide bereits küchenfertig, vom Fuchsansitz zurück.

Der erlegte Hase verhalf mir noch zu einem späteren Jagdnacherleben dieses winterfrischen Morgens auf ganz besondere Art. Ich hatte seine Bauchhöhle mit einigen Handvoll sauberen Schnees ausgewaschen. Solchermaßen behandelt, war er in den Kofferraum gewandert, wurde zu Hause noch einmal mit Haushaltspapier ausgetupft und sogleich wieder der Kälte, nämlich der Gefriertruhe, überantwortet. Ergebnis war, als er zu Silvester auf den Festtagstisch wanderte, ein zwar wohlschmeckender, von jedem fremden Beigeschmack, der auf überlagertes Wildbret hätte hinweisen können, freier, aber ein zäher Hasenbraten. Die Gäste schoben die Härte des Wildbrets auf die Vermutung, dass ich einen Hasen-Methusalem im Wege des Hegeabschusses dem Revier entnommen hätte; ich kassierte deshalb, aber auch wegen des reinen Geschmackes und der wohlgelungenen Wildsauce noch allerlei Lob bei Tisch. Aber für mich selbst hatte ich erkannt: Ich hätte das Hasenwildbret vor dem Gefrieren ein wenig abhängen lassen sollen. – Wildbret von alten Wildtieren ist im Übrigen nur selten wirklich zäh; es ist gut verwertbar.

Novembernebeltag

Wie ich es herausgefunden habe, erinnere ich kaum noch. In jedem Falle war es eines dieser kleinen Jägergeheimnisse, auf das ich gekommen war: Nach dem Hubertustag, also dem 3. November, insbesondere wenn ein Sturm- und Regentief vorausgegangen ist und das sogenannte typische Novemberwetter einsetzt, nämlich stille, vom nur langsam sich hebenden Nebel überschleierte Tage, dann halten die Waldschnepfen Rast im Hochmoor. Es war wohl so, dass in einem Jahr, da wir eine Hasenstreife in kleiner Runde abhielten, weil der Hasenbestand dieses Jahres eine Treibjagd nicht zu lohnen schien, auch einen Bogen durch das Hochmoor mit seinen Torfkuhlen, Heidebrinken und Birkendickichten schlugen. Der eine oder andere Hase lag dort immer im trockenen Falbgras. An diesem Tage aber machten wir gleich nach dem Einstieg über den das Moor zu den mageren Viehweiden abgrenzenden Stacheldrahtzaun eine Schnepfe hoch, und der Senior unserer kleinen Gruppe schoss sie, als sie im Bogenflug eine Birkengruppe zwischen sich und uns zu bringen sich anschickte, in raschem Schuss herab. Unsere Große-Münsterländer-Hündin apportierte, wobei man ihrem Gesichtsausdruck ansah, dass sie ihres Auftrages nicht sicher zu sein schien. Schnepfen haben, auch für den nachschnuppernden Jäger wahrnehmbar, einen gewissen muffigen Geruch. Angeblich sollen die Jagdhunde sich daran stören und mancher von ihnen deshalb die Schnepfen nicht oder nur widerwillig bringen.

»Donna« jedenfalls apportierte, aber sie ließ mir, was sonst nicht ihre Art war, das Wild vor die Füße fallen. Mit »Donna« konnte man nicht schimpfen, schon ihr Blick schloss das aus. Im Übrigen arbeitete sie nur zuverlässig, wenn man recht behutsam und ausgesucht freundlich mit ihr umging. Dann allerdings vollbrachte sie Spitzenleistungen; nur ein einziges Stück Wild, das erkennbar herabgeschossen war, habe ich mit ihr in vielen Jahren gemeinsamen Jagens verloren. Eine Ringeltaube war es, die in hohem Bogen jenseits eines Knicks in den schon gut knöchelhohen und an diesem Tage quatschnassen Raps gestürzt war. Mag sein, dass der Vogel einen Schnabeltreffer hatte und sich ungesehen nach einer Erholungszeit wieder erhoben hatte, mag sein, dass sich im nassen Kraut überhaupt keine Witterung ausbreitete. Der Hund suchte eifrig, obwohl er das Herabstürzen der Taube weder vernommen noch eräugt hatte, an der vermutlichen Fallstelle, bis wir schließlich achselzuckend abziehen mussten. Solche Einsätze liebte »Donna« nicht: Wenn man ihr das Kommando zum Apportieren gab, musste in der angewiesenen Richtung auch etwas liegen!

An jenem Novembertag im Moor hatte sie jedenfalls die Schnepfe gebracht und ich sie dem Erleger weitergereicht, der es sich nicht nehmen ließ, sie, eingeschlauft an seinem uralten Ledergalgen aus jungen Jägerjahren aus eigenen Jagdgründen im heimatlichen Hinterpommern, hier weiter durchs Revier zu tragen. Wenig später erhob sich nah vor mir, sodass ich das große braune Schnepfenauge und das wunderbar vielfältige herbstlaubfarbene Feingefieder in allen Einzelheiten bewundern konnte, wiederum eine Schnepfe. Dies geschah nicht ohne das typische Schwingenklatschen, was den Jäger dazu anheizt, allzu rasch und ungezielt den Schuss hinzuwerfen. So handelte auch ich, und der erste Schuss ging – wie konnte es da anders sein – fehl. Als die Schnepfe sich über die besenartig in den Himmel ragenden Spitzen der jungen Moorbirken emporschwang, hatte ich mich aber gefasst, und »Donna« bekam nach meinem zweiten Schuss erneut Gelegenheit, sich an das ungewohnte Federwild zu gewöhnen. Zwei Hasen taten wir noch auf, und als wir am Moorrandgraben Strecke legten, berichtete mein Vater, der vorgeflügelt hatte, auch vor ihm sei – leider zu weit für einen guten Schuss – eine Schnepfe aufgestanden. Wir freuten uns damals der für unser Revier bisher seltenen Beute – allerdings kommen in Schleswig-Holstein auf den herbstlichen Klapper- und Treibjagden durchaus häufiger Schnepfen zur Strecke –, aber keiner dachte, dass diese Begegnungen mit dem Vogel mit dem langen Gesicht mehr als Zufälle gewesen seien.

Eines einsamen Herbsttages im darauffolgenden Jahr war ich wiederum mit dem Hund im Moor unterwegs. Diesmal ging es darum, ein Reh zu finden, auf das einer der Senioren auf der langen Moorwiese einen schlechten Schuss getan hatte. Ich buchstabierte ohne Weiteres den Anschuss heraus, der mir anhand der Zaunreihe längs des vom Moor heraufführenden Entwässerungsgrabens beschrieben worden war. Beim siebten Pfosten war er, bei dem mit der stumpfen Astgabel im Pfahlkopf, die von ferne aussah wie ein Rehkopf, und der uns sommertags, wenn das saure Gras hoch stand, manchmal genarrt hatte, wenn wir mit den Gläsern vom fernen Moordamm herüberspekulierten. Ein wenig heller Schweiß und ein länglicher Knochensplitter lagen dort. »Donna« nahm willig die für das menschliche Sehvermögen weiter nicht herausfilterbare Fährte an und wir schlieften durch den Zaun ins Moor. Die aufklatschende Schnepfe ließen wir außer Acht. Ich hatte den Drilling dabei und es zuckte mir in den Händen, ihn zu heben, aber die Nachsuche ging vor. Schon bald taten wir hinter einer beim Abtorfen stehen gebliebenen, mit Heide bewucherten Wand von Torfsoden einen Sprung Rehwild auf, und ich sah das laufkranke Stück darunter. Es war schnell auf den Läufen und setzte in hohen Fluchten davon. Dass ein krankes Reh sich beim Sprung hält, ist selten und dann zumeist ein Zeichen dafür, dass seine Verletzung nicht tödlich ist. Wild, das sein Verenden nahe vor sich spürt, tut sich ab und zieht sich in einen einsamen Winkel, in eine feuchte Grabensohle, unter eine Überhälterfichte, in die Kühle eines Rübenschlages zurück.

An dem Revierwinkel dort stießen mehrere Reviergrenzen zusammen, die nicht alle erfreulich waren. Ich durfte den Hund nicht anhetzen, musste ihn zurückhalten. Nachdem wir der Fluchtrichtung ein Stück weit gefolgt waren und schließlich am Grenzzaun standen, gaben wir auf. »Donna« revierte, endlich vom langen Riemen frei, hin und her, dem fern abstellten Fahrzeug zu, und da geschah es wieder, dass hinter Birkengebüsch eine Schnepfe aufklatschte. Nun nahm ich den Drilling schussbereit zur Hand, aber wir trafen nicht auf weiteres Wild. – Das vergeblich nachgesuchte Rickenkitz stand übrigens in den folgenden Wochen, nur von Ferne in des linksseitigen Nachbars Wiesen sichtbar, immer beim Sprung, bis es eines Abends dem Hochsitz zu nahe kam, der dort windschief, aber gut getarnt, in ein Erlendreieck hineingezimmert war, und der Nachbar, von uns gebeten, sich nach dem Reh umzuschauen, es strecken konnte, bevor der Schneewinter hereinbrach.

Nun war wieder ein Jahr vergangen, und mir war ein ganzer freier Tag zugefallen. Der erste Herbststurm hatte sich ausgetobt, das Regenwasser, das die Niederungswiesen überschwemmt gehabt hatte, zog wieder ab. Auf einen Tages-Entenstrich konnte ich also nicht rechnen, mich allenfalls in der Abenddämmerung an den mittlerweile regulierten Nebenarm der Au stellen, ob dort auf der Suche nach einem ruhigen Übernachtungsort die eine oder andere Ente vorbeizöge. Im Binnenland sind solche fast windstillen Dunst- und Nebeltage nicht die idealen Entenjagdtage. Anders ist es an der Küste und an der Elbe, wenn die Enten mit auflaufendem Wasser uferwärts ziehen. Dann streichen sie tief, um Sichtkontakt zum Boden zu halten, um Futter- und Ruheplätze zu finden. Gerade auch dem Gänsejäger gilt der Nebel als Partner Erfolg verheißender Jagdtage.

Wohin also sollte ich mich wenden? Der Sturm hatte die Eichen auf den Knicks kahlgefegt, an die zurückgebliebenen Ringeltauben war kein Herankommen. Da fiel mir das Moor ein. Es würde stimmungsvoll sein, zwischen den weißen Birkenstämmen, den gelbfalben Grasplänen, den moorbraunen Torfwänden mit den Durchblicken auf die im Novemberdunst so fern erscheinenden, aus Rotstein gemauerten, vereinzelt liegenden Aussiedlerhöfe. Vielleicht lag wieder einmal eine Schnepfe im Moor? Auch einige Kaninchen gab es dort. Die Treibjagd würde ausfallen, also konnte ich auch einen Hasen mitnehmen, zumal zwei Mümmelmänner noch an bewährte, jagdfreundliche ortsansässige Bauern versprochen waren. Kurz: Das Moor war mein Ziel. Ich stellte den Wagen auf der hineinführenden Spurbahn ab, ließ die Hündin einige Kreise auf der Viehkoppel ziehen, dann schritten wir über den federnden Heideboden. Zu den feuchtbraunen Besen der kahl aufragenden Jungbirkenäste stand das fahlgelbe Dürrgras in hartem Kontrast. Wie ganz anders mutete diese Landschaft an im Vergleich zu den gräbendurchquerten Grünlandflächen draußen vor der Hochmoorkante. Alles sah gleich aus, einsam, geheimnisvoll. Wenn ich in diese urige Landschaft hineinschritt, die außer den Jägern kaum je ein Mensch betrat, kam ich mir jedes Mal wie ein Eindringling vor. Sollte nicht dieses letzte Refugium aus vergangener Zeit in Ruhe gelassen werden? Musste ich auch hier hinein mit Hund und Flinte vorrücken?

Die Hündin verhielt plötzlich, äugte zu mir zurück, als wollte sie mich etwas fragen. Irgendein Wild musste vor ihr sein. Jäh war ich in der Jägerwirklichkeit zurück, schob die Flinte in den Halbanschlag und rückte vor. Da klatschte eine Schnepfe auf, warf sich hinter eine Dreiergruppe Jungbirken, dahinter aber musste sie aufsteilen, um über eine höher aufragende Insel der weißstämmigen Moorbäume sich hinwegzuschwingen. Das breite Laufende der Querflinte mit dem hellen Korn in der Mitte griff vor, wie von selbst brach mir der Schuss. Die Hündin apportierte und ich lobte sie sehr, geradezu überschwänglich, in meiner Freude nicht nur über den geglückten Schuss – der war eigentlich leicht gewesen –, sondern vor allem in der Freude über das gelungene Kalkül, hier und heute wiederum auf eine Herbstschnepfe zu stoßen.

Nachdem ich den leichten Vogel mit seinem eulenweichen Gefieder in eine Schlaufe des ledernen Galgens eingehängt hatte, suchten wir weiter. Es gab einige birkenfreie Hartgrasfelder im Moor, dort mochte ein Kaninchen oder ein Hase liegen. Am Rande eines Birkenhorstes hatten sich einige Brombeerstauden angesiedelt. Nur schwache, flach liegende Ranken waren auf dem sauren Boden gesprossen. Schief gehaltenen Kopfes stand die Hündin vor. Sie hatte nicht die Gewohnheit, den einen Vorderlauf beim Vorstehen zu heben, vielmehr nahm sie, auf allen vier Läufen stehend, eine stocksteife Haltung ein. Der schief gehaltene Kopf bedeutete: Kaninchen. Jedes Mal, wenn »Donna« ein Kaninchen in dieser Haltung vorstand, hatte ich den Eindruck, sie kalkulierte, was zu tun sein, um den graugelben Flitzer vor die Flinte zu dirigieren.

Jetzt bewegten sich die Ranken, die Hündin machte einen Seitenausfall nach rechts, und schon preschte der kleine Flitzer nach links vor mich hin durchs aufprasselnde Moorgras. Wiederum war es ein leichter Schuss, den ich zu tun hatte. So gesellte sich zur Schnepfe am Galgen das Kaninchen. Wohin nun? Mir fiel der Vorjahres-Herbsttag ein, an dem wir zwei Schnepfen dort aufgetan hatten. Viel weiter hinten hatte die zweite Schnepfe gelegen, wo die Moorparzelle in einem spitzen Keil in die Felder vorstieß. Gab es womöglich eine wiederkehrende Gewohnheit der schönen braunen Vögel, an bestimmten Tagen an bestimmten Revierorten zu lagern?

Mit anderen Vögeln hatte ich solches erlebt: Alljährlich kamen im späten März in meinen Hausgarten ans Vogelhäuschen Erlenzeisige, nicht mehr als zwei Paare. Als ich das erste Mal eher zufällig, vom Kaffeetisch aus dem Fenster schauend, nachdem mich die schwirrende Flugbewegung aufmerksam gemacht hatte, die vorher nie bewusst geschauten Vögel erblickte, holte ich mir Glas und Vogelbestimmungsbuch, um sie genau zu identifizieren. Eigentlich ist der Erlenzeisig wohl

K.-P. Reif

kein besonders seltener Vogel, aber dort im Hausgarten kam er mir bewusst das erste Mal zu Anblick. Ich bin, wie mich kürzlich ein Norweger mit einem knappen Begriff trefflich beschrieben hat, fuglegal, also vogelverrückt. Ich habe einen Vogelbeobachtungszwang, so wie ich auch, gleich den meisten Menschen, einen Lesezwang habe: Wie man eine Schrift, die zufällig ins Auge fällt, zu entziffern und zu einem Text zusammenzusetzen und zu verstehen sucht, ohne darüber nachzudenken – nachdem man einmal als Kind das Lesen erlernt hat –, so erfasst mein Blick jeden vorbeistreichenden oder auf irgendeiner freien Warte aufgeblockten Vogel. Das Hirn identifiziert ihn, findet seinen Namen oder ordnet ihn jedenfalls nach Art oder Gattung ein. Fahren wir auf der Autobahn, so wird es manchmal den Mitfahrern unheimlich, wenn ich mich vorbeuge, den Kopf verdrehe, nachdem irgendein für die mich Begleitenden völlig unbedeutender gefiederter Schatten durchs Blickfeld gehuscht ist. Manche Rarität habe ich dabei entdeckt. »Seeadler, kein Bussard! Schaut ihn euch nur an! Ich muss lenken und auf den Verkehr Acht geben!« So geht das manchmal.

Zurück zu den Erlenzeisigen: Der Tag ihrer ersten Beobachtung war ein Familienfeiertag. So erinnerte ich, als ich sie wieder im Hausgarten beim Vogelfutterhäuschen ausmachte, dass die vorherige erste Begegnung mit ihnen genau ein Jahr her war. Sie blieben, wiederum zwei Paare übers Wochenende, wie im Vorjahr. Gespannt war ich, als ich im Folgejahr hinausschaute. Nein, sie waren zum erwarteten Termin nicht da. Aber drei Tage, nur drei Tage später sichtete ich sie erneut, diesmal ein Pärchen und einen Einzelvogel.

Ob die Schnepfen auch solche auf Ort und Zeit bezogene Gewohnheit hatten? Dann müssten weitere im Moor liegen und vom Hund gefunden werden können, der inzwischen verstanden hatte, dass die Vögel mit dem samtweichen Gefieder und der eigenwilligen Wittrung zu unserem Beutespektrum gehörten. Ich streifte behutsam der aus der Vorerfahrung nächsten schnepfenverdächtigen Stelle zu, mit gutem Abstand zur Feldkante, damit der Hund durch den von dort – wenn auch nur sanft – hereinströmenden Luftzug Wind bekam.

In der Mitte wird das keilartig in die Felder hineinragende Restmoor durch einen Graben geteilt, der ihm das Wasser entzieht und es hinaus in die Wiesen entführt, durch allerlei künstlich geschaffene Rinnen und

Rohre, dem fernen Hauptfluter zu. Tief ist die Grabensohle eingeschnitten, auf dass auch ja das Moor trockengelegt werde. So musste ich, um in die jenseitige Hälfte der tundrahaften Landschaft hinüberzugelangen, tief zur Grabensohle hinabsteigen und dann den gegenseitigen Hang erklimmen, der noch durch den dorthin ausgeworfenen Grabenaushub überhöht war. Das nahm einige Zeit in Anspruch, und ich entlud zuvor die Flinte, wie es sich in schwierigem, sturzgefährlichem Gelände gehört, auch wenn man allein jagt. Jede Sicherheitsmaßnahme muss zur Routine werden, damit sie auch an Tagen mit froher, ablenkender Begleitung oder unterm eiligen Tempodiktat einer voranziehenden Jäger- und Treiberkette während einer Treibjagd nicht versäumt wird.

Jetzt stand ich also auf dem überhöhten Grabenbord und schaute wie von einem Hochstand in das vor mir liegende Beet aus falbem Gras. Die Hündin hatte geduldig gewartet; es war ihre angenehme Wesensart, niemals dem Führer voranzuprellen. Sie diktierte nicht ihrem Herrn die Jagd, wie mancher ihrer viel grobschlächtigeren Artgenossen, sie begleitete ihn in vornehm zurückhaltender Art zur Jagd. Nun schaute sie mir schief gehaltenen Hauptes beim Laden der Flinte zu, als wüsste sie, dass wir ohne die beiden dicken schwarzen Patronen in den Läufen nicht zu Schuss und Beute kommen würden. Da fiel mir, als ich im sanften Heben des Laufbündels die Flinte zuklappte, ein bernsteinhell glänzender Fleck in Falbgras und Heide ins Auge. Dem näher ihn fixierenden Auge entwirrte sich der runde Umriss eines sandbraun im Braun und Grau der Bodenvegetation sich drückenden Hasen! Sein mir zugewandter starr geöffneter Seher war es, der mir aufgefallen war. Von meinem Postament hatte ich eine ideale Schützenposition. Aber wie den Hasen zum Aufstehen bringen? Die Hündin würde zwar nicht weit nachprellen, wenn sie ihn herausstieß, aber ein paar Meter weit tat sie es schon, als wollte sie sich überzeugen, dass das aufgetane Wild gesund und wirklich nicht zu haben war. Hetzte sie einem aus der Sasse geworfenen Hasen weiter nach, verschwand sie gar durch Zäune hindurch, über Gräben und Deiche hinter ihm her, so konnte man sicher sein, dass sie nach einiger Zeit, mühsam ihn herantragend, in der Ferne auftauchte; sie hatte nicht ganz das vom Zuchtverband geforderte Stockmaß und war deshalb eine preiswerte Erwerbung gewesen. Ging man ihr entgegen, um ihr die Last abzunehmen, so legte sie ihre Beute ab und verharrte wie ein Standbild, bis man auf einige zwanzig Meter herangekommen war. Dann aber erwies sie ihre Dankbarkeit, indem sie den Krummen aufnahm und luntewedelnd, stolz erhobenen Hauptes, ihn das letzte Ende des Transportweges herantrug und in die Hand ausgab. Auch einem Treiber überließ sie dann schon einmal den Hasen, aber nur, wenn man ihr von fern ein »Gib aus!« im rechten Zeitpunkt zurief.

»Donna« hatte die Hasenwittrung noch nicht in der Nase. Mit starren aufgerissenen Seher äugte mich der Hase an, oder schaute er an mir vorbei? Welch beeindruckendes Mimikry hatte die Natur ihm geschaffen, wie von Künstlerhand abgestimmt passte sich sein ocker, grau und schwarz gestriemter runder Rücken zwischen die Heidehöcker und Sandblänken ein! Ich schwankte zwischen Mitleid und Jagdbegierde. *Lepus timidus* – der furchtsame Hase, lautet der wissenschaftliche Name des Schneehasen. »Timidus« – furchtsam – heißt er, weil er sich vor dem herannahenden Feinde drückt, dann aber, wenn alles Sich-Hinverbergen in die Sasse nicht hilft, sich hakenschlagend und hochflüchtig davonzumachen sucht. Mein Vater, der Altsprachler war und stolz auf seine Kenntnis im Lateinischen, nannte auch unseren europäischen Feldhasen so, der im Winter seinen braunen Balg behält, übersetzte den wissenschaftlichen Namen des Hasen allerdings mit »der furchtbare Hase«! Für furchtbar erachtete er ihn deshalb, weil er selbst, wie viele andere Jäger, auf nichts unverzeihlicher, unverstehbarer vorbeischießen konnte als auf den vor den Jägerstiefeln aufstehenden Hasen. Furchtbar war dies nicht nur, weil der Schuss auf so ein großes und nahes Ziel eigentlich leicht sein müsste. Furchtbar war das sündhafte Fehlen mit der Flinte auch, weil in der Regel eine ganze Treibjagdgesellschaft zuschaute, wie sich der Schütze blamierte, oder weil es, wenn wir in kleiner Runde nach dem einen oder anderen Hasen streiften, um den Weihnachts- oder Neujahrstagbraten ging. In unserem Jägerhaushalt hatte es traditionell zwar nicht am Heiligabend – da gab es Karpfen blau –, aber am zweiten Weihnachtstag, spätestens am Neujahrtag einen Hasenbraten zu geben. Bekanntlich liegt ein jagdlicher Fehlschlag umso näher, je fester das zu erlegende Wild bereits für die Küche versprochen ist. – Meine bayerische Verwandtschaft weiß eine ganze Jägergeschichte davon zu erzählen, wie man sich einst bemühte, in einem Revier, in dem jährlich vierzig Rehe zur Strecke kamen, für die Hochzeit einer Cousine der Küche das für den Festtagsschmaus vorgesehene Schmalreh zuzuliefern. Man hatte schon beschämt im Nachbarrevier um Hilfe angefragt, bis es in letzter Stunde meinem Cousin, dem Bruder der Braut, mit einem wohlgezielten, wenn auch nicht eben waidgerechten, weil übers Wagendach abgegebenen Fernschuss gelangt, die Ehre zu retten. Nach Jahrzehnten noch vermochte er stolz davon zu erzählen.

Länger hielt ich die Spannung nicht aus, ich musste sie jetzt durchbrechen! Intuitiv bückte ich mich nach einem Erdbrocken, das Wild nicht aus den Augen lassend, warf ihn nach dem Hasen und fuhr zugleich mit der Flinte auf. Lampe flitzte los, dass nur so das Heidekraut knisterte, im Halbkreis weg vom Hund und um mich herum über den Bord des Grabens, den ich eben durchquert hatte. So musste ich, mich aus der Hüfte drehend, vor und abwärts halten. Das breite, schwere Laufbündel schwang wie von allein in diese ungewöhnliche Schussposition hinein – es geht jedenfalls für einen groß gewachsenen, langarmigen Schützen nichts über eine Flinte mit viel Gewicht auf der die Läufe führenden Hand! Trockenes Heidekraut, Sand und Moorwasser spritzten im Flintenknall auf – und weg war der Hase. »Donna« untersuchte die Angelegenheit ohne jede Hektik und fischte nach wenigen Augenblicken mit spitzem Fang den Hasen aus der Moorbrühe tief unten in der Grabensohle. Tropfnass, wie mit braunem Lack frisch überzogen und in diesem Aggregatzustand ziemlich klein und mickrig sah unsere Beute aus. Ich nahm ihr den Hasen ab, schwenkte ihn unter ihren aufmerksamen, verwunderten Blicken im Heidekraut hin und her, schüttelte ihn dann kräftig, bis der Hasenbalg wieder zum Vorschein kam, sodass der Hase optisch wesentlich an Volumen zunahm. Nicht ohne Stolz schlaufte ich mir unser drittes Stück Wild an den nun schwer werdenden Galgen. Bei derlei Suchen, wenn ich den Rucksack des leichteren Anschlagens wegen nicht mitführte, trug ich stets einen Patronengurt, allerdings nicht nach Western-Manier offen über dem Parka, sondern unter dem Mantel. Dort fädelte ich den Galgen aus kräftigen Lederschlingen ein, wohlweislich nicht am Hosengürtel, wie ich es als Junge einige Male getan hatte, bis mir die immer schwerer werdende Beute, die ich für den Vater, seine Freunde und mich zu tragen hatte, buchstäblich die Hosen auszog.

Beschwingt vom Erfolg – wir hatten mit einem Verbrauch von drei schwarzen Rottweiler Patronen drei Stück Wild dreier Wildarten zur Strecke –, machte ich mich nun auf zu erkunden, ob der heutige Novemberdunsttag wiederum, wie im Vorjahr, ein Schnepfentag sei. Ich erwog schon, mit meiner bunten Strecke könne ich doch zufrieden sein und zum fern abgestellten Wagen zurückschwenken – der Hase und das Kaninchen schlugen beim Ausschreiten gegen meinen linken Oberschenkel und behinderten mein Vorankommen durchs unebene Moor –, da stand der Hund pfahlfest vor! Ein Fasan hier drinnen? Ausgeschlossen war das nicht. Ich trat, die Flinte im Halbanschlag, heran. Da erhob sich, braun aus brauner Streu über fahlgelbem Gras eine Schnepfe und glitt, ohne jedes aufklatschende Schwingengeräusch, flach davon. Ich warf den Schuss hin, fühlte schon, dass ich zu kurz abkam, und feuerte sogleich, reflexartig weit vorschwingend, den linken Lauf ab, eben als die Schnepfe in eine Wand aus weißen Birkenruten hineingleiten wollte. Auf den Schuss sah ich nur einige Birkenreiser herabprasseln. Hatte ich getroffen? Während ich hastig nachlud, verschwand rutewedelnd die Hündin in dem Jungbirkendickicht. Eine kleine Zeit lang war es da drinnen ruhig, dann kam die Hündin links hinter der Birkengruppe zum Vorschein, schlängelte sich daran vorbei, stets die offenen sandigen Stellen in der Heide nutzend – und trug, ohne jeden Vorwurf im Blick und mit schon gekonnter Schnepfenhundroutine, den wunderseltenen braunen Vogel heran.

Am Moorgrabenrand, dort, wo sich die offene Wiesenflur anschloss, legte ich mein Beutebündel ab und wir klapperten dann noch sorgfältig die Moorspitze ab. Aber mehr als die beiden erbeuteten Schnepfen – zwei waren es auch fast auf den Tag genau ein Jahr zuvor gewesen, die wir aufgetan hatten – wollte das Hochmoor nicht hergeben. Ich nahm mir vor, nach einem Jahr wiederzukommen, notierte den Tag und die Wetterlage abends präzis in meinem Jagdtagebuch. Dieser Eifer wurde mir übrigens ein Jahr später belohnt, auch wenn es da nur eine Schnepfe war, die wir heimbrachten. Aber zurück zu unserem Novembertag mit der braunbunten Strecke. Vor dem Hochsitz, der windschief, aber gut verdeckt in einem der den Moorentwässerungsgraben in die Wiesen hinaus begleitenden Weidenbüschen mehr hing als stand, warf ich das Wild aus. Vor allem das Wildbret von Wildkaninchen mundet, in intensiv gewürzter, aber fein abgeschmeckter Bratensoße, allerbestens, wenn gleich nach der Erlegung das Gescheide entfernt wurde.

Auf diese Erkenntnis bin ich durch eine Jungjägerungeschicklichkeit gekommen. Mein erstes selbst erlegtes Wild war ein Kaninchen. Damals gab es viele davon, und niemand von den älteren Mitjägern nahm Anstoß daran, wenn wir Jungen, noch ohne den grünen Schein in der Jackentasche, beim Durchstreifen der Rübenschläge und der verstruppten Wiesen, beim Abklappern der damals noch zahlreichen Dornhecken mitschossen und uns das eine oder andere von den grauen Flitzerchen holten. Im Gegenteil: Mehrfach wurde mein Vater gefragt: »Hat der Junge denn keine Flinte?« Eines Tages also streiften wir durch einen Rübenschlag. Der Landwirt hatte uns ermahnt, den Kaninchen intensiver nachzustellen, denn sie hatten manche der Rübenköpfe nahe dem Feldrain zu den Brombeerbüschen hin derart abgenagt, dass einem beim Durchstreifen anklagend die Verbissstellen entgegenleuchteten. Damals ging es eigentlich um die Rebhühner und vielleicht einen sich im Rübenblatt drückenden bunten Fasanenhahn. Aber eben wegen der Kaninchen hatte ich den väterlichen Drilling im Arm, während der alte Herr selbst die leichtere Bockflinte führte. Nun, als gegen Ende der Streife zum Abschluss des Rübenschlages hin die Karnickel hin und her flitzen, nahm ich das kurze Gewehr zur Hand. Plötzlich war einer der Flitzer nahe vor mir, sauste, die heranrückende Front zu durchbrechen, spitz auf mich zu, drückte sich dann aber in jäh sich hinkauernder Bewegung hinter einer Rübe. Auf meinen Schuss hin ging nicht nur diese in Stücke, sondern auch, es war allzu nahe gewesen, auch die Bauchseite des Kaninchens. Das Gescheide hing hässlich heraus. Mit wenigen Handgriffen weidete ich das Kaninchen aus und wies es den alten Herren vor. Rücken und Keulen waren heil, aber allzu elegant sah die Beute nicht mehr aus, sodass sie nicht in den Abverkauf ging, sondern unserer Küche zugewiesen wurde. Beim Streifen fand ich nicht ein einziges Schrotkorn und der Geschmack des Wildbrets war schlichtweg delikat. Es sei viel weniger vom Kaninchen- und vom Wildgeschmack überhaupt festzustellen, lobte die Familie den Sonntagsbraten. Damals kam ich darauf, die für den eigenen Verzehr bestimmten Kaninchen gleich nach dem Erlegen auszuweiden, und bin von dieser Vorgehensweise bis heute überzeugt.

Der Fuchs nahm den Platz vor dem windschiefen Weidensitz nur selten an. Auch anderes Luder, das ich dorthin brachte, blieb manchmal tagelang unangerührt. Auch die Krähen fürchteten sich wohl davor, so dicht vor der Moorkante und in nächster Nähe zu den Weidenbüschen Fraß aufzunehmen – sie standen in unserem Revier unter erheblichem Jagddruck und hielten eine Fluchtdistanz von gut einhundert Metern zu meinem alten Volkswagen und zu jeder Deckung ein, die womöglich einen Jäger verbergen konnte. Nachdem wir eine .222 Remington-Büchse angeschafft hatten, habe ich die Einhundert-Meter-Flucht-Distanz der Krähen auf einhundertfünfzig Meter ausgeweitet. Später lernte ich, dass ein Fuchsluder entweder innerhalb einer Deckung, auf einer Waldwiese, einer Schneise oder aber weitab vom gefährlichen Waldrand draußen in der Feldmark, an einem Graben, einem Bach, einem Misthaufen angelegt gehört. Mein Luderplatz war jedem Fuchsinstinkt zuwider gewählt, zu nahe an der Moorkante, wo der Fuchs mit den Gefahren von Pulver und Blei rechnete, Vater und ich haben von der Leiter zwar den einen oder anderen Rehbock geschossen, aber niemals einen Winterfuchs.

An jenem grausilbrig, mit weichem Fall von Tau aus der tropfenschweren Luft ins Abenddämmern übergehenden Novembertag sann ich nach, wie ich die vielfältige Beute noch um einiges bunter machen könnte. Zu jung war ich, um mich allein der Vielfalt der Beute zu freuen, nein, ich hatte noch Kraft, der Abend hatte sich noch nicht geneigt, noch war nicht die Muße da für eine gemächliche Heimfahrt im Nachbesinnen auf den für einen allein hinaus ins Geestrevier ziehenden Jäger einzigartigen Tag. Ich beschloss, noch an die Weddern hinab zu fahren, die zur Bramau hin entwässerte. Vielleicht bekam ich zur Vielfalt meiner Beute noch die bunten Farben eines Stock- oder gar eines der seltenen Krickerpels hinzu?

In die Weddern, die entstanden war aus einer ehemals sich durch die Wiesen schlängelnden Au, entwässerten zahllose schmale, tief eingestochene, nur fußbreite Entwässerungsgräben. Am Bord der Weddern tauchte jeder von ihnen in ein Betonrohr ein und unterquerte dort hindurch die ein wenig überhöht angelegte, mit einem Traktor befahrbare

Gewässerkante. Wo in trichterartigen Vertiefungen die kleinen Gräben ihr Wasser in die Rohre übergaben, standen jeweils kleine Gestrüppe aus Schilf, Brennesseln und ungemähtem Gras. In eine dieser Bewuchsinseln in der sonst deckungslosen Weite würde ich meinen Sitzstock hineinpflanzen und so, notdürftig getarnt, den Abendstrich abwarten. Zunächst aber hieß es, vorsichtig, Schritt für Schritt, ans Gewässer heranzutreten und auszuspekulieren, ob nicht irgendwo ein Entenschoof unter der Uferkante gründelte.

Die Hündin kannte das Jagen an der Weddern, ich brauchte nur einmal leise durch die Zähne zu zischen und, als sie mich anäugte, mit der Hand neben mein linkes Knie zu weisen. Schon schlich sie, die Nase vorgereckt und vor Passion am ganzen Leibe zitternd, neben mir dahin. Zentimeterweise schob ich mich vor. Dort, mehr als eine Flintenschussweite links von mir, kräuselte sich die Wasseroberfläche. Ich zog mich zurück, schlug einen Bogen, dann strebten wir der entenverdächtigen Stelle zu, die ich mir genau eingeprägt hatte: Wo der einzelne rostbraune Weidezaunpfahl windschief hervorstach, war sie! Viele Male hatten wir diese Jagdmethode geübt. Was würden wir auftun? Einen Bisam, der sich plumpsend von der Faschinenkante ins Wasser fallen ließ, ein Teichhuhn, das sich tauchend davonmachte, einen Zwergtaucher oder Mittelsäger, der mit übers Wasser platschendem Anlauf sich mühsam aus dem engen Bett zu erheben versuchte, einen Graureiher, der mit krächzendem Schrei und schwerem Schwingenschlagen in die Höhe wuchtete, oder das erhoffte Schoof Enten, das sich ratschend, mit purrenden Flügeln, wassersprühend emporruderte? Die Flinte im Halbanschlag trat ich vor. Da waren sie, drei Krickenten! Sie äugten einen Augenblick wie hypnotisiert mit schief gehaltenem Kopfes zu mir herauf. Dann standen sie auf. Die Flintenmündung griff vor die letzte, die im Aufstehen einen Latschen hängen ließ. Ich versuchte nicht die Doublette, blieb auf der über dem Wasser fallenden Ente, auf dass ich nachschießen konnte, falls sie noch davonzurudern begann. Aber sie lag, eine Schwinge emporreckend, im braunsilbrigen Wasser der Weddern. Der Hund brachte sie, schüttelte sich das Wasser aus dem Haarkleid, während ich unsere Beute untersuchte. Einen Hegeabschuss, sozusagen, hatte ich da getan: Die kleine Ente war schon einmal vor eine Flinte geraten, zwei zugewachsene Schroteinschläge fand ich auf dem linken Latschen, der im Verheilen sich so verwachsen hatte, dass die Ente ihn nicht mehr flach ans Federkleid anlegen konnte, wenn sie davonstrich. Eine Ente war es, überhaupt war unter den dreien kein Erpel dazwischen gewesen, sonst hätte ich auf ihn geschossen.

Man hatte mich es so gelehrt: Wenn Enten nahe aufstanden oder bei Tageslicht anflogen, galt es, die männlichen Vögel herauszupicken. Kam ich in jungen Jahren mit einer Ente, oder mit zweien an, so war stets die Frage des väterlichen Freundes: »War kein Erpel dabei?« Das Auswählen der Erpel bedeutete nicht nur nachhaltiges Jagen, es erzog auch dazu, insbesondere den jungen Jäger, nicht in das volle Schoof zu halten, sondern sauber einen Einzelvogel zu bezielen. Der zweite, rasch nachgeworfene Schuss durfte dann auch einer Ente gelten, wenn so rasch sich nicht ein weiterer Erpel vor der suchenden Flintenmündung fand. Einen entenjagderfahrenen Schützen habe ich einmal zwei Erpeldoubletten, mithin vier Erpel mit zwei Schüssen, an einem Schlickloch in der Elbmarsch nach dieser Methode des disziplinierten Auswählens schießen sehen.

Zu Schnepfen, Kaninchen, Hasen hatten wir nun das fünfte wunderfein braun-grau-gelb gezeichnete Stück Wild, eine Strecke für einen Kunstmaler würde das sein, wenn ich sie mir später, wenigstens für einen Augenblick, auf dem grünen Rasenbeet hinter dem Auto im Schein der Lampe noch einmal legte. Heute bedaure ich, dass ich in jenen Jahren nicht des Öfteren eine kleine Kamera dabeihatte, um all die feinen Farbtöne und ihre Vielfalt im Bild festzuhalten.

Der Knall meiner Zwölferflinte hatte fern im nachbarlichen Teil der Wiesenebene, die sich beiderseits der Weddern jeweils über die Größe einer Eigenjagd ausdehnte, einen Schoof Stockenten hoch gemacht. Als ich meinen Sitzstock auffaltete, sah ich, wie die Hündin in Vorstehhaltung starr zu dem viele hundert Meter entfernt dahinziehenden Entenflug hinüber äugte. Angeblich haben Hunde ein geringes Sehvermögen. Aber diese Hündin nahm anstreichende Enten, auch in der Abenddämmerung, häufig eher wahr als ich. Oft achtete ich auf ihre Blickrichtung, um zu wissen, wohin ich aus meiner hingekauerten Stellung das Laufbündel vorschieben müsste. Ich ging jetzt also rasch in Deckung, aber die Enten verstrichen sich, verschwammen mit dem sich abendlich verdunkelnden Horizont und waren fort.

Eine ganze Weile saßen wir so. Ich war wunschlos glücklich, genoss die ruhige Stunde, in der das silbergraue Licht des dunstüberflorten Herbsttages in düstergrüne, dann düsterbraune Schatten überging. Nur gegen den Westhimmel, auch wenn dort eine hohe Wolkendecke lagerte, hatte ich schließlich noch so viel Licht, dass ich das grobe Flintenkorn beim probeweisen Heben der Flinte sehen konnte. An diesem Abend, an dem kein Windstoß die Enten zum Suchen nach ruhigem Wasser antrieb, war kaum ein guter Entenstrich zu erwarten; aber ich hatte mir vorgenommen, den freien Tag bis zur letzten Minute auszukosten. Plötzlich hob die Hündin den Kopf, ich folgte ihrem Blick, erfasste im jähen Auffahren einen dunklen flatterigen Schatten. Nein, das war keine Ente, aber, jetzt, da der Vogel eben aus dem lichteren Himmelstreifen ins Dunkel wegtauchte, sah ich's: Er hatte einen langen spitzen Stecherschnabel! Ich sah oder hörte das Wild nicht fallen, nahm nur dankbar wahr, dass sich »Donna« erhob und ins Wiesendunkel davontrollte. Augenblicke später saß sie brav mit der dritten Schnepfe des Tages vor mir!

An diesem Abend habe ich wirklich für mich selbst Strecke gelegt, bevor ich die Fahrzeuglichter anschaltete und in die ferne Stadt und ihre Blendungen davonrollte. Viele Jahre sind seit diesem Tag vergangen, aber noch heute sehe ich sie vor mir: die als zimtbraune Schatten sich aus dem Moor erhebenden Schnepfen, aufklatschend die eine, lautlos die andere, das hellsandgraue Kaninchen, wie es nah vor mir durch die Heide saust, den Hasen, wie er sich mit aufgerissenen starr blickenden Sehern vor meinen Füßen drückt und dann als gelber Blitz über die Moorgrabenkante hinwegfährt, hinein in die düsterbraune Grabensohle, schließlich die wassersprühend vor meinen Füßen aufquirlenden zierlichen Enten und dann den schon farblosen Schatten der vorbeistreichenden Schnepfe im allerletzten Verdämmern. Wunderbares, nahes Jagen war das gewesen! Und auch das samtweiche Haarkleid der Hündin, wie ich ihr liebevoll nach getaner Arbeit über den Kopf streichele, fühle ich noch, obwohl sie schon lange in besseren Jagdgründen umherstreift.

Saunacht

Leiser, sanfter Schneefall hatte den Forst überzuckert. Einige Tage lag die watteweiche Schicht schon. Es ließ sich geräuschlos und rasch darauf ausschreiten, und überall hin, bis in den letzten Waldwinkel, konnte man fahren, ohne die Gefahr des Steckenbleibens im Schnee. Jede Wildfährte trat sich durch bis aufs Hartgras, in den Wegessand, in die Laubstreu. So war gutes Fährten.

An der Kirrung im Tannenwinkel, nicht weit von der Chaussee, standen Saufährten, eine stärkere und einige geringere. Schon früher hatte ich sie gespürt, wenn ich von der Teerchaussee herab auf der schmalen Wegspur hereingebraust kam, die tiefer drinnen sich zu einer kleinen Waldwiese verbreiterte. Auf die Schnelle warf ich dann ein paar Handvoll Mais unter die Kirrklötze und beäugte das Fährtenbild. Mehr und mehr rundete sich der Mond. In jenem düsteren Nadelholzbestand würde ich seine Hilfe zusätzlich zur Schneelichte brauchen, um nicht nur eine Sau, sondern womöglich auch ein Stück Damwild ansprechen zu können. Ich musste mich auf einen längeren Nachtansitz einrichten, und dazu sollte hinreichendes Büchsenlicht gewährleistet sein; denn nichts ist ernüchternder, als in voller Wintermontur, mit Büchse, Glas, Mundvorrat seinen Platz zu erlaufen, sich mit allerlei Verrenkungen in den Ansitzsack zu mummeln und dann festzustellen, nachdem die Augen sich ans Nachtsehen gewöhnt haben – was, je älter ich werde, desto länger dauert, aber immer noch gelingt –, dass hier und heute das Licht zu einem sicheren Schuss nicht reichen wird.

Kurz vor Vollmond zogen graue Wolkenbänke auf, Windböen warfen die Zuckerschneeschicht von den Wipfeln und Zweigen, und gegen Abend setzte Schneefall ein. Am anderen Morgen lag eine knapp handhohe neue Schneeschicht. Ich prüfte, auf dem Parkplatz vorm Haus hin und her tappend, die Schneekonsistenz. Auch der neu gefallene Schnee war weich, er knurpste nicht, die darunter liegende Schicht war nicht hart gefroren und knackte deswegen nicht. Das bedeutete Winterpirschwetter der ersten Klasse, Bedingungen, wie sie in Norddeutschland nur selten eintreten. Der fast volle Mond zog auf, als ich aus dem

Büro kam. Ich stärkte mich mit einer nicht eben dünn geschnittenen Scheibe Holsteiner Schinken auf einem kräftigen Landbrot, dann streifte ich den Overall über, der die Körperwärme so wunderbar hält, und rollte gegen den Verkehrsstrom hinaus aus der Kreisstadt.

Wie viele Abende habe ich schon, von der späten Dämmerung an sitzend, schließlich doch ausgekühlt und vom immer häufigeren Zufallen der Augen ermattet, den Ansitz um die achte oder neunte Stunde aufgegeben. Diesmal, so hatte ich's mir vorgenommen, wollte ich es anders anpacken und erst unter dem hochstehenden Winternachtmond der Leiter an der Saukirrung zupirschen. Das Mondlicht fiel fast ein wenig grell in den Waldweg, in den ich, von der Hauptverkehrsader weg, unter gleichzeitigem Ausschalten der Fahrzeuglichter, hineingetaucht war. Die Sau soll ihren Schatten nicht sehen können, so heißt eine alte Jägerweisheit. In hellen Nächten zieht das Schwarzwild nicht auf freie Flächen und der fröstelnd ausharrende Jäger schaut buchstäblich in den Mond.

Während ich noch in den Winterparka schlüpfte, das Glas umhängte, die Büchse in tausendfach gewohnter Handbewegung lud und sicherte, begannen über der langen Bahn des Waldweges Dunstschleier zu weben. Sie hoben und senkten sich, umschlangen die beschneiten Fichtenwipfel, waberten durch den Bestand. Als sei durch das jähe Betätigen eines Schalters das Mondlicht herabgedimmt worden, wich jetzt die gleißende Helle einer gleichmäßig gedämpften Illumination des Winterwaldes. Es schwand der scharfe Kontrast zwischen den vom Mondlicht beschienenen Flächen und den Partien im Mondschatten. Vom Boden her begann es heftig zu frieren. Trat ich kräftig auf, so knirschten die Schneekristalle verräterisch unter meinen Füßen. Glitt ich aber, nahezu wie auf Skiern gehend, flachen sanften Schrittes im Weggeleis dahin, so bot der neue Schnee noch immer lautloses Pirschen.

Gerade einmal zweihundert Schritte war ich sacht in den Winterwald hineingeschnürt, da meinte ich, am Rande der Blöße, auf der ich unter mühsam herangeschleppten Holzklötzen mit einigen Handvoll Mais gekirrt hatte, etwas Großes, Dunkles zu sehen. Ich verhielt, schob mich hin und her, starrte durch das kleine, aber wunderbar nachtscharfe Glas. Doch, da war etwas, das ich zuvor niemals am Rande der Blöße wahrgenommen hatte, die sich vom Waldweg, einer kleinen Waldwiese gleich, in den Bestand öffnete. War das geheimnisvolle, jetzt regungslos bleibende Etwas ein Stück Wild? Hatte sich unter dem sprengenden Druck des Frostes und der Schneelast ein Kieferngipfel gelöst und war, sich vom Schneeballast entledigend, als dunkle Masse an den Blößenrand gestürzt? Oder bot unter der mondverstärkten Schneelichte die mir eigentlich wohlbekannte Szenerie einen so veränderten Anblick, dass ein schon seit Langem dort liegender Haufen Dürräste oder ein kugeliger Brombeerbusch, gestützt durch einen Schuss Jägerfantasie, mir eine Wildgestalt vorgaukelten? Ich schob mich nun Fuß vor Fuß voran, vermied es, die ganze Sohle abzuheben und wieder aufzusetzen. In dieser eigenwilligen Gangart, die dem scherzhaft sogenannten Schieben auf dem Tanzparkett eher gleichkam als dem Schritt eines Waldläufers, kam ich schneller voran, als ich gehofft hatte, gewahrte nun schon die Leiter vor der Blöße links am Waldrand. Wenn ich sie erreichte, konnte ich mich dahinter verbergen, vielleicht gar sie erklimmen, auf jeden Fall aber die Büchse an ihr anstreichen.

Mit einem Mal öffnete sich der Blick auf die kleine Waldwiese. Überdeckt mit einem flauschigen weißen Wintermantel, im dunstgedämpften Schneelicht lag sie da. Da wandte sich das dunkle Etwas an ihrem Rand um, mit einem eigenartigen knirschenden, mahlenden Geräusch, löste sich aus dem verschwommenen Umfeld der Äste und Ranken und war eine auf den ersten Blick nicht eben geringe Sau! Ich hob das Glas. War's ein Keiler, eine einzeln gehende Bache? Dann kam ein Schuss nicht in Betracht. Oder war es ein strammer Überläufer? Dann allerdings … Wieder vernahm ich, während das Stück sich weiter vorschob, dieses eigenartige Geräusch; es erinnerte an das Mahlen der Kiefer am Futtertrog sich labender Rinder. Als der Wurf der Sau sich gegen den Schneegrund abhob, gewahrte ich einen erschreckend hässlich aufgedunsenen Wulst, davor eine tiefe Einkerbung. Mir fuhr durch den Kopf, dass in den letzten Tagen die Nachricht von einer gescheiterten Nachsuche sich verbreitet hatte: Ein Jäger war durch unnatürlich schnarchende Laute auf ein Stück Schwarzwild aufmerksam geworden, nähergepirscht, dann aber doch nicht zu Schuss gekommen. Der von ihm herbeigerufene Nachsuchenspezialist hatte mit seinem Hund die Fährte nicht aufnehmen können. Womöglich war's ein altkrankes Stück? Jedenfalls war an alle Jäger im Umkreis der Appell ergangen,

K. P. Reif

dieses Stück zu erlegen. Keiler oder Überläufer – diese Frage galt jetzt nicht mehr! Als ich das Glas sinken ließ, wurde mir deutlich, wie nah wir, die Sau und ich, schon aneinander waren. Nur anderthalb Zimmerlängen trennten uns noch. Was würde geschehen, wenn ich jetzt schoss? Würde die Sau mich im letzten Dahinstürmen überrennen? Wenige Schritte waren es bis zur Leiter, aber sie zu erreichen, ohne dass mich das Wild wahrnahm, kam nicht in Betracht. Im Zielfernrohr schwamm eine einzige dunkelgraue Masse. Das Fadenkreuz kreiste suchend darin. Da kam mir ein Aufflimmern der Nackenborsten im eben wieder die Winternebel durchbrechenden Mondlicht zupass. Dort war der Nacken, die Schulter …, der Schuss brach. Schnee stob in Schwaden von den Zweigen. Hurtig repetierte ich. Aber es gab kein Aufrauschen im Schnee, kein dumpfes Trappen von Wildschalen, nur ein platschendes Geräusch, als falle ein schwerer Körper in den Schnee, und dann ein verröchelndes, schon fern klingendes Aufstöhnen. Lange stand ich, bis mir die Kälte in den Nacken kroch. Dann trat ich vor, das Gewehr am Kopf. Lang ausgestreckt, aus jähem Zusammensinken auf die Seite gerollt, ruhte im silbernen Mondlicht die Sau.

Der stets hilfsbereite Förster, obwohl er ein großes Revier mit vielen Jägern und vielen Wildunfällen auf den es durchkreuzenden Hauptverkehrsadern zu betreuen hatte, ließ es sich auf meinen Anruf hin nicht nehmen, in Winterjacke und Stiefel zu fahren. Nach wenigen Minuten, kaum dass ich mit dem Aufbrechen fertig war, hörte ich sein Fahrzeug durch den Schnee stieben. Unter dem Licht der Lampe am Wildgalgen betrachteten wir dann die grauselig anmutenden Kieferverletzungen des angehenden Keilers. Womöglich hatte die Sau sich beim Zusammenprall mit einem Fahrzeug zwischen Stoßstange und Karosserie verklemmt und sich dabei den Kiefer gebrochen. Völlig verdreht und verschoben war er wieder zusammengewachsen. Nur mühsam, durch Auflutschen der Äsung mit dem Lecker, kann der Sau das Aufnehmen von Fraß gelungen sein. Dazu war sie, wie blank gescheuerte Stellen auf den Oberseiten der Vorderläufe zeigten, regelrecht auf den Knien dahingerutscht. Die vom Gebäude starke, jetzt – in ihrem zweiten Winter – ihr drittes Jahr gehende Sau, war abgekommen bis auf die Knochen. Die eigenartig braun gefärbten Waffen zieren heute meine Wand und erinnern an eine Winternacht nah am Wild.

Anderntags war ich wieder an der Blöße, den Aufbruch im Schnee einzuscharren, damit ihn die im Forst allgegenwärtigen Raben nicht allzu rasch in alle Winde davon trügen, sondern mir dort, vor der Leiter, die Chance auf einen Fuchs erwuchs. Ich fährtete weitläufig die Blöße ab. Der am Vornachmittag gefallene Schnee hatte das Gewirr der Fährten und Spuren aus den Vortagen zugedeckt. So ließ es sich leicht in der neuen weißen Schicht ablesen, welches Wild in der Mondnebelnacht unterwegs gewesen war. Nicht nur Reinekes Spur stand bereits im Kreisbogen um den Aufbruch herum, eine kleine Rotte geringer Sauen hatte trotz der Störung, die am wenigsten von dem im schneebedeckten Wald gedämpft verhallenden Schuss ausgegangen sein mochte, wohl aber vom Aufbrechen und Abtransportieren, den hinteren Bereich der Blöße aufgesucht, sich dort am eingescharrten Mais gütlich getan und sogar, im Frostwinter eher eine Seltenheit, die einzelne in der Flächenmitte aufragende Birke als Malbaum benutzt. Winternächte sind lang. Stunden nach Schuss und Abtransport mochten die Sauen dort vorübergekommen sein. Ich rechnete damit, dass diese Rotte am Abend von ihrem Kessel erst woanders hin zog und meinen Kirrplatz als zweite Station ihrer nächtlichen Züge auf der Suche nach Fraß auf dem Plan hatte.

Auch an diesem Abend ließ es sich leicht und leise auf der neuen Schneedecke pirschen. Vergeblich aber schaute ich, der Blöße näher kommend, wieder und wieder durchs Glas. Weder der lange flache Schatten eines Fuchses noch die erhofften runden Wildkörper von Frischlingen geisterten über die Blöße. Sprosse für Sprosse erklomm ich die Leiter, in federnd tastendem Anstieg, damit kein Knacken gefrorenen Holzes weit hallend meine Anwesenheit verrate. Eine Zeit lang saß ich dann, spähte in den verschneiten Bestand hinein. Mit einem Mal erschien es mir, als sei es am Ende der langen Schneise, in die das Wieslein sich hinein verjüngte, noch düsterer geworden. Ich richtete das Rund des Nachtglases dorthin aus. Dicht gedrängt stand eine Rotte Sauen ganz hinten, am Ende der Schneise, löste sich jetzt auf, wurde zu einem langen, pfeilartig auf mich gerichteten Strich. Sie kamen! Immer wieder verhoffend, aber doch zielstrebig wechselte die Rotte an. Längst hatte ich ausgemacht, dass es eine Überläuferbache mit ihren vier Frischlingen war, die mir schnurstracks vor die Büchse zog. Selten erlebt der Jäger das Anwechseln des Schwarzwildes auf solche Distanz. Meistens tauchen, beim Nachtansitz wie bei der Drückjagd, die Sauen plötzlich, allzu plötzlich auf, sodass es nur noch gilt, sie rasch ins Visier zu nehmen, damit nicht die schnelle Chance vertan sei. Ich aber hatte Zeit, den Drilling sanft auf die Brüstung zu legen und den hinteren Wiesenrand ins Zielrund zu nehmen.

Endlich waren sie da, verteilten sich, die Bache im Hintergrund, auf der Wiese. Einer der Frischlinge fiel mir durch seinen runden, von einem kleinen Borstenkranz überhöhten Rücken auf. Ich wettete mit mir, dass es ein angehendes Keilerchen sei, dann brach der wohlgezielte Schuss. Nach allen Seiten stob die Rotte auseinander, noch hörte ich sie, während ich aus dem patenten ledernen Ansteckmagazin nachlud, im Bestand knackend und blasend ziehen. Dann aber war es still. So rasch, wie mir warm geworden war beim Anblick der Sauen, so rasch kroch mir jetzt die Kälte in den Nacken hinein. Ich entklomm der Leiter, stapfte über die Wiese. Aber dort lag nicht der erwartete dunkle Strich im Schnee. Konnte meine Kugel vorbeigegangen sein? Noch einmal rief ich mir das Abkommen vor Augen, wie der Frischling, breit nach rechts, hinter dem sich noch eben abhebenden Fadenkreuz im Dämmerrand der Blöße gestanden hatte. Den hellen Birkenstamm im Hintergrund hatte ich mir als Richtungsweiser gemerkt. Ich fingerte die kleine Taschenlampe heraus, die stets in der linken inneren Manteltasche zu stecken pflegt. In ihrem Lichtkegel fand ich schwarze Tropfmale im Schnee, ich leuchtete sie von Nahem an: Schweiß! Das Gewehr im Arm ging ich der Fährte nach; sie führte in die Schneise hinein, aus der die Sauen gekommen waren. Dort hinten lag endlich der kleine dunkle Hügel! Minuten später brach ich an der Stelle den Frischling auf, an dem in der Nacht zuvor sein stärkerer Kollege gelegen hatte. Ich scharrte den Aufbruch fein säuberlich in den Schnee ein. Denn ich wollte wiederkommen, erneut mit dem Drilling, um am so gewonnenen Luderplatz zu passen auf den Fuchs.

Jägers Weihnachtsabend

Im Strom der Mitkirchenbesucher trat ich unter dem feierlich hallenden Glockengeläut auf den vom warmen Schein der Christbaumbeleuchtungen erhellten Kirchenvorplatz. Vom Marktplatz schimmerten die geschweiften gelben Sterne der Straßenbeleuchtung herüber. Weihnachtswünsche wurden ausgetauscht, nach hier und dort liefen die Menschen auseinander. Weihnachtsabend – da hatte man viele Verpflichtungen. Einzelne Schneeflocken schwebten als Nachboten des nachmittäglichen Schneefalles herab. Sie fielen nicht aus dichtem Gewölk, sondern der Wind staubte sie von den Dachrinnen des Kirchengebäudes herab. Hinter dem aufstrebenden Geäst der Lindenallee zum Friedhof hinunter zog bleich, von Wolkenschleiern immer wieder überzogen, der fast runde Mond auf. Eine matthelle Mondnacht stand bevor. Sollte ich hinausstreben in den Wald? Auf dem frisch gefallenen feinen Schnee würde leises Pirschen sein. War das die rechte Moral, christliche Besinnlichkeit, wenn ich mich nicht in die warme Stube zum festtagsbezogenen Fernsehprogramm oder einer CD mit weihnachtlichen Klängen zurückzog. Jagen am Feiertag, gehört sich das?

Mein Vater ging am Sonntag nie, oder sagen wir: fast nie, auf die Jagd. Nur wenn das Jagen die Gelegenheit zur Gemeinsamkeit mit mir bot, uns aber nur der Sonntag zur Verfügung stand, erteilte er sich – und mir – Absolution und wir zogen schon einmal des Nachmittags zu einer Streife oder zum Ansitz auf ein Stück Rehwild.

Das Ausrücken zur Jagd am 24. Dezember, würde es ein Sakrileg darstellen?

Überm Kirchdach stand, als, als wollte er mir lächelnd zureden, silberhell der fast volle Mond. An Weihnachten, heißt es, weiß jeder, wohin er gehört. Aber, wenn niemand auf einen wartet? Draußen im Wald, sagte des Mondes Schimmern mir, unter dem Flimmern des Flaumschnees, zwischen den geheimnisvollen Schatten, in der heimeligen Windstille des Winterwaldes, wird es dir mehr behagen als vor dem Weihnachtstimmung ausstrahlenden Fernseher. Intuitionen soll man folgen, zumal als Jäger. Gute Einfälle nennt man es, wenn das rasch Geplante gelingt. Er sagt mir zu, dieser Begriff des Einfalles. Es fällt etwas in unsere Gedankenwelt, in unseren Lebensfluss hinein, und wir folgen dem Geschenk der neuen, der anderen Idee, des Abweichens vom alltäglichen Trott und von der Gewohnheit. Viele Jagderfolge verdanke ich guten mit mancherlei Abwägungen hin und her gewendeten Planungen, aber eine erhebliche Zahl auch der plötzlichen Eingebung. Heute versuch ich's anderswo, oder ich pirsche noch an diese Schneise oder jene Waldecke vor, eigentlich ohne Grund, einfach magisch gefangen von der Eingebung, dort wartet heute das Glück, das wir Waidmannsheil nennen. So durchfährt es dann die einfältige Jägerseele, und auch im übrigen Leben geht es uns wohl manches Mal so.

Rasch war ich jagdlich gekleidet, wählte die gefütterten ledernen Stiefel mit der weich abrollenden Sohle und dann, aus dem – bei mir nur karg, mit dem Notwendigsten – bestückten Gewehrschrank den alten, aber mit einem lichtstarken Zielfernrohr versehenen Drilling. Es war der rechte Tag, oder besser: die rechte Nacht für dieses Traditionsgewehr aus meines Vaters Jahren, aus meinen Jungjägertagen. Und auch: Reineke konnte um die Wege sein, die Ranzzeit begann. Ein Fuchs am Weihnachtsabend, das wäre schon fast eine Hegetat und am allerehesten verzeihlich, aber auch eine große Jägerfreude.

Eigenartig samtweich fuhr es sich auf der langen Bahn von der Chaussee weg in die Waldestiefe hinein. Manchmal frage ich, was mich eigentlich dazu treibt, ins nächtliche Düster einzutauchen, wenn mich, bei schlechtem Licht, die kaum erahnbaren Gestalten der Fichten umfangen. Aber an diesem Abend war von diesen beklemmenden Gefühlen nichts in mir, auch nicht die Furcht vor der Überpassion, dass sie Flucht sei vor Einkehr und Rückschau. – Hell, wie ein weißgoldener Pfad, der mich in weite Fernen aus allem Getümmel und künstlichem Licht und Trubel führen sollte, lag die Wegtrasse in den Forst vor mir. Ich schaltete die Scheinwerfer aus, rollte bis zur großen Kreuzung der Waldwege. Dort entstieg ich dem Wagen, packte rasch Gewehr und Glas, wartete, bis die Innenbeleuchtung des Wagens verloschen war und das Auge sich an die Schneelichte und Mondhelle gewöhnt hatte.

Wohin sollte ich mich wenden? Der Atemhauch stand als deutliche lichtgraue Fahne im Mondschein; der Wind zog vom Feld her herein, das bedeutete weitere Kälte, von der Ostsee hereintreibenden Südostwind. Heute würde es die Nachbarn nicht anfechten, dass sie wieder Rückenwind hatten und nur an der Peripherie ihrer bogenförmig in den Wald einbuchtenden Feldmark ansitzen oder im Grunde wohl lieber gleich zu Hause bleiben konnten, in dieser Nacht war niemand außer mir unterwegs. Der Revierinhaber hatte mir gesagt, an Weihnachten sei niemand draußen, da könne ich unternehmen, was ich wolle. Sein prüfender Blick, wie er dies mir so zuwies, entging mir nicht. Wenn einer auf den Gedanken käme, an Weihnachten draußen zu sein, dann würde ich das sein … !

Gegen den Dreiviertelwind, so beschloss ich, würde ich auf dem zerfahrenen Waldweg parallel zur Feldkante vorpirschen, Fuß vor Fuß, immer im Schatten der Randfichten, dem Klirreis der zerfahrenen Pfützen bedachtsam ausweichend. Im Grund drunten, in der Buchendickung, wo das Laub noch nicht zusammengefroren war, würde ich eine Zeit lang sitzen. Dort hatten die Sauen noch leichtes Brechen. Bei Frost zieht die dicke Laubstreu von Buchen oder gar Eichen, zumal wenn noch die eine oder andere Buchecker oder Eichel darunter sich verbergen mag, magisch das Schwarzwild an, manchmal intensiver noch als eine Kirrung. Auch die runden Brantenabdrücke der Füchse hatte ich dort gespürt. Derentwegen hatte ich ja den Drilling dabei. Eine halbe Stunde würde ich ruhig sitzen, dann es mit dem Mäusepfeifchen versuchen, danach mit der Hasenklage. Es gab gar nicht so wenige Hasen in den von Heide und Blaubeeren unterwucherten höher gelegenen Waldpartien. Wo es Hasen gibt, nicht nur als Seltenheit, sondern als regelmäßig vorkommendes Standwild, kennt der Fuchs Lampes Klage und steht darauf zu.

Ganz in die Hoffnung auf den rotschimmernden Balg eines Winterfuchses fixiert, pirschte ich auf weichen Sohlen auf der hauchdünnen Flaumschneedecke voran. Lautlos wollte ich an mein Ziel gelangen. Nur nicht übereilen und mich in dieser Waldesstille verraten, das sagte ich mir, denn ich hatte ja Zeit, wenn ich wollte, die ganze Nacht. Feines Blinkfeuer am Himmel ließ mich aufschauen, ja sogar mit dem Nachtglas hinaufschauen. Dort zog ein Flugzeug seine schnurgerade Bahn, dem gar nicht so fernen Flughafen der Metropole zu. Darin saßen Menschen, die noch heute ihre Familie, ihre Freunde erreichen würden, die sich auf vertraute Umarmungen und warmen Lichterglas freuten. Und ich schlich hier unten von Waldschatten zu Waldschatten, die Hand am kühlen Gewehrstahl, drei Läufe mit unterschiedlicher Munition geladen für die verschiedenen Wildarten, die meinen einsamen Pfad kreuzen konnten. Mit einem Mal überfiel mich tiefe Traurigkeit, ich hielt inne, wandte mich schon wagenwärts, um zurückzustapfen und in aller Eile heimzufahren. Dann aber besann ich mich: Gib sie nicht auf, die Intuition, den zugegeben eigenwilligen Einfall, heute Nacht hier draußen zu sein in der würzigen kühlen Waldluft! Gerade noch hast du in deinem Inneren dir zusammengefasst, wie viel dieses Draußensein dir bedeutet, auch die damit verbundene Einsamkeit! Bleib bei deinem Einfall!

Ich wandte mich wieder vorwärts. Da stand mit einem Mal, riesengroß auf der weißsilbern glänzenden, blendend hellen Wegtrasse, ein Stück Wild! Massiv hob sich der Wildkörper gegen den Schnee ab. Ich rührte kein Glied. Nur gut, dass ich mich an meinen Plan gehalten hatte, von Fichtenschatten zu Fichtenschatten zu schleichen. Vielleicht hatte das Stück mich noch nicht wahrgenommen! Rotwild, hier – das war immerhin möglich. Dann konnte es der einzeln gehende Spießer mit den kurzen Knubbeln auf dem Haupt sein, von dem die Jäger erzählten, von dem viele schon behaupteten, ihn gesichtet zu haben, aber entweder sei er zu weit für einen Schuss gewesen, oder etwas Unverhofftes, umschlagender Wind, herantrabender Jogger, Zufallen des Kanzelfensters, hatte ihn in letzter Sekunde vergrämt. So entstehen Legenden um Wild und Jagd. Manches Mal glaubte ich, der Erzähler habe sich bloß wichtigmachen wollen und irgendeinen von Ferne wahrgenommenen Wildschemen mit dem inzwischen schon sagenhaften Spießer in fantasiegenährte Verbindung gebracht, von dem es nun auch schon hieß, er sei womöglich, daher die eigenartigen Knubbeln auf seinem Haupt, vom zweiten Kopf. Geradezu andersherum fallen bei Drückjagden oftmals die Berichte der Schützen aus, wenn man sie von ihren Ständen abholt: »Nichts gesehen, rein gar nichts!«, oder: »Nur einen Fuchs von Ferne …« Dabei weiß der Ortskundige: Das Rotwildrudel muss irgendwo dort, wo diese Schützen saßen, durchgewechselt sein, die durchgehenden Jagdhelfer hatten es doch vor sich herziehen sehen. Aber wer mag schon zugeben, dass er die Situation nicht beherrscht hatte, dass es fürs Ansprechen und gar fürs Schießen wieder einmal zu schnell ging?

Jedenfalls, wenn es der bewusste Rotspießer war, der war für jedermann frei gegeben!

Zunächst aber war an ein In-Anschlag-Gehen und Schießen überhaupt nicht zu denken. Denn das Stück stand, wie eine mondbeschienene Statue, etwa zweihundert Meter entfernt hoch aufgerichteten Hauptes da. Ich durfte mich nicht rühren! Endlich schwenkte das Wild das Haupt, und da erkannte ich mit bloßem Auge – so hell war die Nacht –, dass es von mir weg den hügelansteigenden Weg hinaufgeäugt hatte. Jetzt äste es nickend ein paar aus der dünnen Schneedecke ragende Halme am Wegrain. Ich ging sacht in die Knie, hob das Glas. Nun hatte ich das Haupt gegen den ansteigenden verschneiten Grund. Ich sah fahle nickende Stangen, tastete den Wildkörperumriss ab. Das war kein Stück Rotwild, sondern ein Damhirsch! Vom Mond über den Rücken beschienen, zugleich sich gegen den lichtüberglänzten Schnee abhebend, wirkte er so überdimensional.

Ein einzelner offensichtlich jüngerer Hirsch – ich grübelte. Hier zog ein Knieper seine Fährte, den sie auf der nicht fernen Chaussee angefahren hatten. Er verbarg sich in den Dickungen, stand plötzlich am hellen Tag auf einer Bankette und äste die stärkehaltigen Rindenreste gefällter Stämme am Holzlagerplatz. Einmal hatte ich ihn von Ferne auf ebendem Weg, den ich in dieser Nacht entlangpirschte, an einem regenschweren Spätherbstmorgen gesehen, war Schritt für Schritt an den vom mir weggewandt Äsenden herangeschlichen. Nur ging damals die Pirsch andersherum als in jener Nacht, vom Osten her gegen die westliche Waldkante hin. Als ich nach vielen vorsichtig tapsenden Schritten erwog, mich hinzulegen und übers aufgestellte Fernglas den Fernschuss auf den sichtlich Abgekommenen zu wagen, fielen mir hinter ihm, ganz drunten an der Chaussee, die Lichter der vorbeiflitzenden Autos ins Auge. Bis dorthin war es einen Kilometer weit, aber dennoch, aus dem Liegen, aufwärts zum Blatt des Hirsches, würde ich einen Schuss nicht wagen dürfen. So versuchte ich damals, seitwärts zu treten, um den Holzstapel am Lagerplatz in eine Diagonale mit dem Hirsch und mir zu bringen und ihn so als Kugelfang zu gewinnen.

Steht ein Stück Wild ganz spitz von hinten, so kann es manchmal gelingen, sich ihm Schritt für Schritt auf gute Schussentfernung zu nähern. Aber nach einer Weile hob der Hirsch das Haupt und drehte es ein wenig seitwärts, wobei ihm ein Rindenstück gleich einem verlängerten Lecker weit herab aus dem Äser hing. Ein nie vorher geschauter wunderlicher Anblick war das. Hirsche und Rehe haben die Lichter weit an der Seite des Kopfes, sie können dadurch fast nach hinten äugen. Der Hirsch hatte die Bewegung meines letzten Schrittes erhascht; er wandte das Haupt gänzlich zu mir, hörte auf, das Rindenende hereinzukauen, ließ es fallen, seine Figur straffte sich und in zwei, drei Gummiball-Fluchten war er seitwärts im Fichtendickicht untergetaucht.

Ob dieser dort vor mir in der mondüberglitzerten Schneeweihnacht der Gesuchte war? Das würde perfekt passen. Ein Schuss in der Weihnachtsnacht würde bar jeder Kritik bleiben, wenn er einem Kranken gegolten hatte. Hatte eben – nur so, um mich auszulüften – einen Waldspaziergang in dem wundervollen Mondlicht gemacht, natürlich, wie es sich für den echten Waidmann gehört, nicht ohne für alle Fälle den bewährten alten Drilling umzuhängen, und da war er mir gekommen, der Langgesuchte. So würde ich's darstellen können!

Der Hirsch äste sich von der Wegbankette gegen die Buchendickung hin, tauchte mit dem Haupt, dann mit dem Vorschlag hinein, zog einknickend die Hinterhand nach – das war der Lahme! – Und schon war er mit einem Mal vollends in dem Gewirr von kahlen jungen Zweigen und noch daran hängendem Trockenlaub verschwunden.

Auf der hauchdünnen weichen Schneeschicht huschte ich rasch vor, war schon auf der Höhe der Buchen. Nun galt es, Pflanzzeile für Pflanzzeile in das Laubholz hineinzuspähen. Die Stelle, an der der laufkranke Hirsch untergetaucht war, hatte ich mir gut merken können. Gleich einem hochfrisierten Haarschopf ragte dort ein Hartgrasbüschel aus dem Schnee empor. Hinter dem Grasboschen schauten, wie mit schwarzer Tinte hingetuscht, die frischen Trittsiegel mich an. Ob er noch in der Reihe stand, in die er hineingezogen war? Ich ließ mich nieder, setzte mich in den kühlen Schnee, rutschte im Sitzen, das Gewehr als Stütze nutzend, zur nächsten Pflanzreihe vor. Ein dunkler Schatten sperrte dort die Sicht! Ich drehte mit gewohntem raschem

K.P. Reif

Handgriff – seit Jahrzehnten führe ich dieses Gewehr – eine kleine Zielfernrohrvergrößerung ein, während ich in gleitender Bewegung über die Knie in Anschlag ging. Der tanzende Zielstachel erfasste den schwarzen Wedelstreif des Hirsches. Dort stand das begehrte Wild, auf Steinwurfweite vor mir. Ein kaum hörbares Schurren des Lodenmantelssaumes in dem Gemisch aus Wegsand und Schnee unter mir ließ den Hirsch aufwerfen. Er drehte sich, mit gleichmütig mahlenden Kiefern, halb zu mir herum. In so tiefer Nacht, wer sollte da um die Wege sein? So schien sein Gesichtsausdruck zu fragen. Ich fand einen handfleckgroßen Zielpunkt auf dem Blattansatz, der Stecher sprang ein, den ich in viel geübter Weise mit dem Zeigefinger vorzudrücken gewohnt bin, was bei diesem Drilling in wunderbarer Weise gelingt. Der Körper des Hirsches straffte sich unter dem winzig leisen Knacken, die Zielfläche vergrößerte sich dadurch auf das Doppelte.

Da brach mir der Schuss! Ich hoffte, durchs Zielfernrohr schauend, den Wildkörper in sich zusammensinken zu sehen. Aber ganz anderes geschah: Mit mächtigem blendendem Feuerstrahl fuhr die rasante Kugel in den dunklen Tunnel der Buchenrauschen hinein, es wirbelte Aststücke, jede Menge Trockenlaub und Wolken von Feinschnee herab. Als der Schleier sich verzog, gewahrte ich dort, wo der Hirsch gestanden hatte, nur einen dunklen Strich im sonst weißbestaubten Laubteppich. Ich lud nach, was in der sitzenden Haltung und mit den kälteklammen Fingern nicht eben rasch gelang. Die neue Patrone, die ich aus dem Ansteckmagazin gezogen hatte, fiel mir in den Schnee. Ich musste sie aufklauben, sauberpusten. Endlich hatte ich nachgeladen. Nichts rührte sich. Ich rutschte vor, schaute in die nächste Pflanzreihe hinein, auch dort fand sich nicht der erhoffte große runde Wulst des Wildkörpers. Beim Dorf schlug ein Hund an. Meine Rückseite, auf der ich im Schnee gesessen hatte, meldete sich feuchtkalt. Jäh war ich aus den Waldweihnachtszauberbildern wieder in der Wirklichkeit der kalten Winternacht zurück. Jetzt würde es eine Nachsuche geben – am ersten Weihnachtsfeiertag morgens!

Welchen der Helfer konnte ich anrufen, der meine Geschichte vom überpassionierten Weihnachtsjäger verstehen und vor allem nicht überall herumposaunen würde? Ich musste den wählen, der am ehesten so jagdverrückt war wie ich.

Aber nachsehen, eine paar Schritte hinein bis zum vermeintlichen Anschuss vorgehen, das konnte ich noch allein bewerkstelligen, bevor ich zu unruhigem Kurzschlaf in die warme Wohnung heimfuhr. Ich streifte den Lodenmantel ab, bettete das abgehakte Zielfernrohr und das Nachtglas darauf und stapfte in die dicht stehenden Buchenrauschen hinein. Nach einundvierzig Schritten tat sich in der Pflanzreihe neben mir eine Fehlstelle auf, dort hatten die Hirsche in früheren Jahren einige Jungbuchen zusammengeschlagen. Darin lag, wie eingefädelt in die Buchenreihe, unsichtbar für den von draußen Hereinschauenden, lang hingeworfen der Hirsch. Ein dünner schwarzer Strahl rann, silberüberglänzt, aus dem Schussmal am Trägeransatz.

Vielfach ist die feierliche Totenwacht beschrieben, die der erfolgreiche Waidgenosse dem gestreckten Wild hält. Zu einer solchen Besinnungsstunde finde ich mich nur selten, wenn ich an ein vor mir erlegtes Wild herantrete. Dann muss ich handeln, arbeiten, die Beute aus dem Wald schaffen, sie umwandeln in erstklassiges Wildbret. Das dankbare Nacherinnern findet erst viel später in mir Raum, zu Hause im warmen Licht der Wohnung im Anblick der vielen anderen Trophäen oder bei einem der nächsten Jagdgänge, wenn ich am gleichen Revierort mich niedergelassen habe und die Bilder und Stimmungen des erfolgreichen Jagdabenteuers wieder erwachen.

Auch jetzt war meine Stimmungslage so. Ich holte mir die Taschenlampe herein ins Dunkel des Buchenhags, klemmte sie in eine Astgabel, sodass sie mir den Hirsch anleuchtete, drehte ihn auf den Rücken und war nach einer guten Viertelstunde mit der roten Arbeit fertig. Das Gescheide trug ich noch hinüber auf einen nahen Wiesenstreifen vor eine winterfeste Ansitzbude. Dort würde ich in den nächsten Tagen, so der Schnee – wie viele Stoßgebete haben Jäger wohl beim Wetterbericht schon gen Himmel entsandt – erhalten bliebe, vorbeischauen. Dann schärfte ich das Haupt ab, drehte, wuchtete, astete und barg erst den Hirsch, dann das Haupt zum nahen Weg. Die Gehstrecke zum Fahrzeug war nicht lang, das Einladen und Bergen zur Wildkammer gelangen mir, mit dem noch andauernden Adrenalinstoß im Blut, wie von leichter Hand. Dann rollte ich heimzu. Ich würde mir die Weihnachtskerzen anzünden, dann das Jagdtagebuch hervorholen und meine Eintragung zum 24. Dezember machen, über ein Weihnachtsjagdabenteuer so nah am Wild.

Dank

Dieses Buch verdankt sein Entstehen ganz wesentlich der Hilfe meines Freundes, des seinerzeitigen Kulturdezernenten der Stadt Norderstedt, Rechtsanwalt Dr. Heinz Bischoff.

Mit großer Dankbarkeit empfinde ich, dass er an dem Manuskript für dieses Buch mit der gleichen Passion gearbeitet hat, mit der er – häufig, zu unser beider Glück, auch zusammen mit mir – das Jagdgeschehen im Jahresrund durchlebt und genießt.

Wie schon bei meinem 2011 ebenfalls im BLV Buchverlag erschienenen Buch »Des Jägers Jahr« hat er auf sprachliche Präzision, jagdliche Bilder und für die Leser miterlebbare Spannungsbögen geachtet. Mit Kritik und Lob, mit beidem, hat er dabei nicht gespart und so dieses Buch möglich gemacht.